剪映

手机短视频剪辑

从入门到精通

构图君◎编著

中国铁道出版社有限公司
CHINA RAILWAY PUBLISHING HOUSE CO., LTD.

内 容 简 介

本书主要介绍使用下载量超过 20 亿次的剪映 App 短视频后期技巧，帮助大家从视频剪辑入门到精通。

共包含九大专题内容，从短视频的剪辑工具、剪辑技巧、绚丽滤镜、“网红”调色、特效效果、字幕效果、音频卡点、视频转场及热门视频制作等角度，帮助大家学会制作短视频。

一共录制 70 多个案例视频，包括目前流行的多种短视频类型的制作方法，从使用剪映的基础功能到创意视频剪辑，一本书教你学会如何使用剪映。

本书结构清晰、语言简洁、案例丰富，讲解深入浅出、实战性强，适合视频剪辑爱好者和视频剪辑师阅读，特别是对于想在抖音、快手等短视频平台发表作品的人有较高的参考价值，能够帮助大家快速上手，制作出更加精良、更加专业的短视频。

图书在版编目（CIP）数据

剪映：手机短视频剪辑从入门到精通 / 构图君编著.—北京：中国铁道出版社有限公司，2021.10

ISBN 978-7-113-28230-1

Ⅰ.①剪… Ⅱ.①构… Ⅲ.①视频编辑软件 Ⅳ.①TN94

中国版本图书馆CIP数据核字(2021)第159030号

书　　名：剪映：手机短视频剪辑从入门到精通
JIANYING: SHOUJI DUANSHIPIN JIANJI CONG RUMEN DAO JINGTONG
作　　者：构图君

责任编辑：张亚慧　　编辑部电话：（010）51873035　　邮箱：lampard@vip. 163. com
编辑助理：张秀文
封面设计：宿　萌
责任校对：孙　玫
责任印制：赵星辰

出版发行：中国铁道出版社有限公司（100054，北京市西城区右安门西街 8 号）
印　　刷：中煤（北京）印务有限公司
版　　次：2021 年 10 月第 1 版　2021 年 10 月第 1 次印刷
开　　本：700 mm×1 000 mm 1/16　印张：15　字数：252 千
书　　号：ISBN 978-7-113-28230-1
定　　价：69. 00 元

前　言

■ 写作驱动

随着人们生活水平的提高，加上抖音和快手等短视频平台的火热，很多人开始了解短视频，想要拍摄和剪辑短视频、发布短视频。短视频不仅可以分享自己的生活，表达自己的想法，还可以快速获取流量。

制作短视频的人，十有八九都使用过剪映 App，因此，本书所有案例都选择使用剪映 App 制作。详细的步骤加上图片，读者能在短时间内快速学会使用剪映 App 剪辑短视频。

本书知识讲解平铺直叙、浅显易懂，在内容安排上不追求面面俱到，只求实用、常用，达到广大短视频爱好者"一看就懂，一学就会"的目的。

■ 本书内容

本书紧扣新手急需提升短视频剪辑水平的需求，从剪映 App 这个软件入手，每个案例都配有视频教学，帮助大家更好地学习。本书内容分为以下 9 章：

【第 1 章 ~ 第 2 章】：介绍剪映的基本功能和基本操作方法，同时还进一步讲解一些剪辑的技巧，如介绍剪映的操作界面和对基础工具的使用方法，还有变速、定格、蒙版及添加关键帧等实用的剪辑技巧。

【第 3 章 ~ 第 4 章】：介绍如何对视频添加滤镜和进行调色，包括剪映 App 中基础滤镜的介绍和使用，如风景滤镜、复古滤镜等；还有一些实用色调的调色方法，例如对美食类、风景类这些常见视频进行调色。

【第 5 章 ~ 第 7 章】：介绍为短视频添加特效、音频及字幕的方法，例如将音频与特效结合制作出的卡点类视频；字幕与画中画相结合制作出的特效字幕等。

【第 8 章 ~ 第 9 章】：介绍抖音和快手这两大短视频平台中热门视频的制作方法，包括大家常见的扔出衣服变身、人物跳水杯、地面塌陷、天空变化及放慢动作等视频。

■ 软件版本

本书在编写时是基于当前剪映软件所截的实际操作图片，但书从编辑到出版需要一段时间，在这段时间里，软件界面与功能可能会发生调整与变化，比如有的内容删除了，有的内容增加了，这是软件开发商做的软件更新，请在阅读时根据书中的思路，举一反三，进行学习。

本书编写软件功能的操作方法和技巧等，原理都是一样的，读者可以借鉴作者当前编写的内容结合实际版本进行操作。

■ 作者售后

本书由构图君编著，参与编写的人员还有刘沛琪等人。同时，还要感谢徐必文、黄建波、罗健飞、王甜康、彭爽、杨婷婷、向秋萍、胡杨、苏苏、燕羽、巧慧及向小红等人，他们为本书编写提供了素材。

由于作者知识水平有限，书中难免有些错误和疏漏之处，恳请广大读者批评、指正，联系邮箱：2633228153@qq.com。

构图君

2021 年 7 月

目　录

第1章 剪映入门快速上手

本章是剪映入门的基础篇，主要介绍剪映的界面、导入素材、缩放轨道、工作区域、三屏背景、磨皮瘦脸及视频完成 7 个剪映快速入门的基本操作方法，帮助大家打好基础，使后面的学习事半功倍。

1.1 剪映界面：快速认识后期剪辑

剪映 App 是一款功能非常全面的手机剪辑软件，能够让用户在手机上轻松完成短视频剪辑。在手机屏幕上点击“剪映”图标，打开剪映 App，如图 1-1 所示。进入“剪映”主界面，点击“开始创作”按钮，如图 1-2 所示。

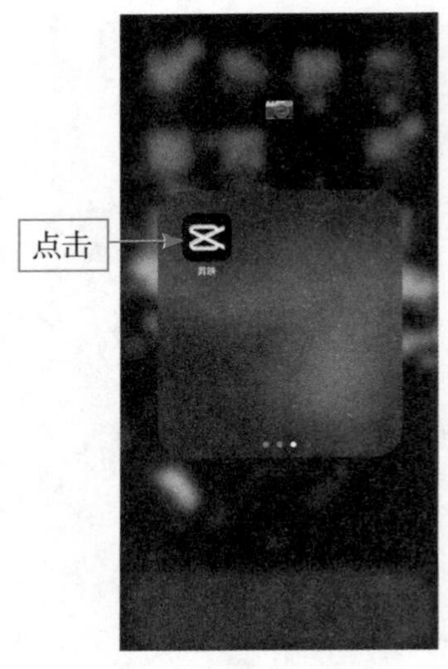

图 1-1　点击剪映图标

图 1-2　点击“开始创作”按钮

进入“最近项目”界面，在其中选择相应的视频或照片素材，如图 1-3 所示。

图 1-3　选择相应的视频或照片素材

点击"添加"按钮，即可成功导入相应的照片或视频素材，并进入编辑界面，其界面组成如图 1-4 所示。

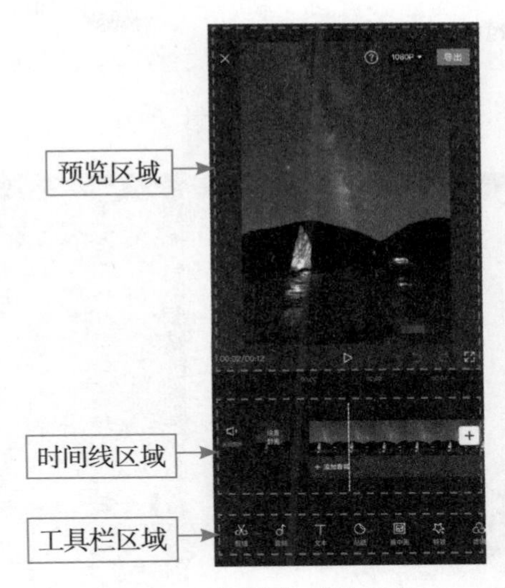

图 1-4 编辑界面的组成

在预览区域左下角的时间，表示当前时长和视频的总时长。点击预览区域右下角的按钮，可全屏预览视频效果，如图 1-5 所示。点击按钮，即可播放视频，如图 1-6 所示。

图 1-5 全屏预览视频效果

图 1-6 播放视频

用户在进行视频编辑操作后，可以点击预览区域右下角的撤回按钮，即可撤销上一步的操作。

1.2 导入素材：增加视频的丰富度

认识了剪映 App 的操作界面后，即可开始学习如何导入素材。在时间线区域的视频轨道上，点击右侧的+按钮，如图 1-7 所示。进入“最近项目”界面，在其中选择相应的视频或照片素材，如图 1-8 所示。

图 1-7　点击相应图标

图 1-8　选择相应素材

点击“添加”按钮，即可在时间线区域的视频轨道上添加一个新的视频素材，如图 1-9 所示。

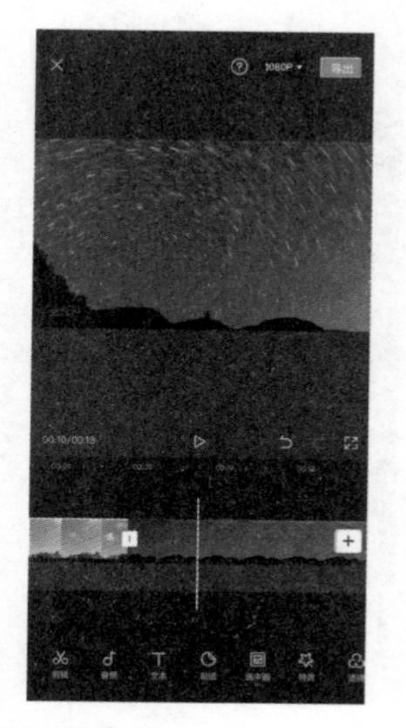

图 1-9　添加新的视频素材

除了以上导入素材的方法外，用户还可以点击“开始创作”按钮，进入“最近项目”界面，在“最近项目”界面中，点击“素材库”按钮，如图 1-10 所示。进入该界面后，可以看到剪映素材库内置了丰富的素材，向上滑动屏幕，可以看到有黑白场、故障动画、片头及时间片段等素材，如图 1-11 所示。

图 1-10　点击“素材库”按钮

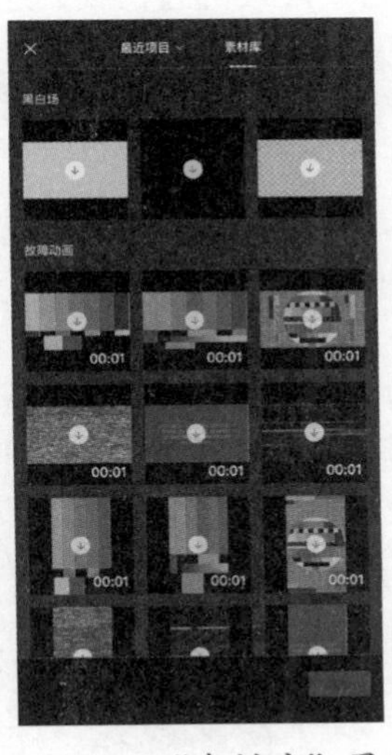

图 1-11　“素材库”界面

例如，用户想要做一个倒计时的片头，❶选择片头进度条素材片段；❷点击“添加”按钮，即可把素材添加到视频轨道中，如图 1-12 所示。

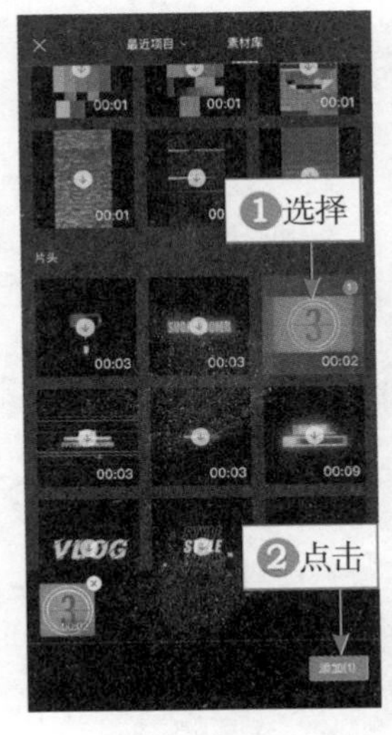

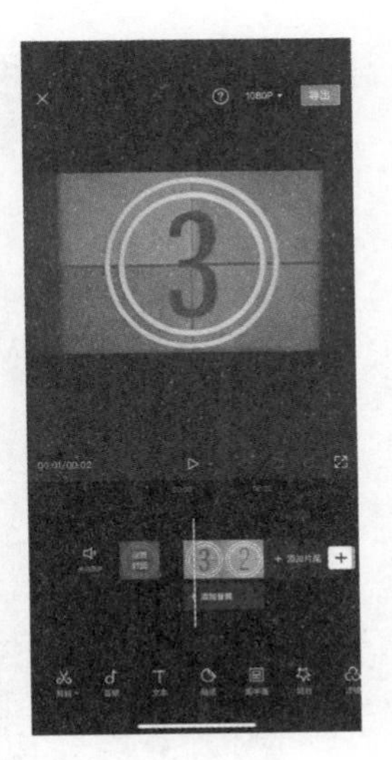

图 1-12　添加倒计时素材片段

1.3 缩放轨道：方便视频精细剪辑

在时间线区域中，有一根白色的垂直线条，叫作时间轴，上面为时间刻度，我们可以在时间线上任意滑动视频，查看导入的视频或效果。在时间线上可以看到视频轨道和音频轨道，我们还可以增加字幕轨道，如图 1-13 所示。

图 1-13 时间线区域

用双指在视频轨道捏合，可以缩放时间线的大小，如图 1-14 所示。

图 1-14 缩放时间线的大小

1.4 工具区域：多功能、多层次剪辑

剪映 App 的所有剪辑工具都在底部，非常方便快捷。在工具栏区域中，不进行任何操作时，我们可以看到一级工具栏，其中有剪辑、音频及文本等功能，如图 1-15 所示。

图 1-15　一级工具栏

例如，点击“剪辑”按钮，可以进入剪辑二级工具栏，如图 1-16 所示。点击“音频”按钮，可以进入音频二级工具栏，如图 1-17 所示。

图 1-16　剪辑二级工具栏

图 1-17　音频二级工具栏

1.5 三屏背景：更能吸引观众眼球

【效果展示】：三屏背景可以将横版视频转变为竖版视频，还可以根据用户的喜好，添加不同的背景，增添视频层次，效果如图 1-18 所示。可以看到画面分为上中下三屏，上端和下端的分屏画面呈模糊状态显示，而中间的分屏画面则呈清晰状态显示，可以让画面主体更加聚焦。

图 1-18 三屏背景效果展示

扫码看效果

扫码看视频

下面介绍制作三屏背景效果的操作方法。

步骤 1 在剪映 App 中导入一个视频素材，并添加合适的背景音乐，点击底部的“比例”按钮，如图 1-19 所示。

步骤 2 调出比例菜单，选择 9:16 选项，调整屏幕显示比例，如图 1-20 所示。

图 1-19 点击“比例”按钮

图 1-20 选择 9:16 选项

▶▷ 步骤 3 返回主界面，点击“背景”按钮，如图 1–21 所示。

▶▷ 步骤 4 进入背景编辑界面，点击“画布颜色”按钮，如图 1–22 所示。

图 1–21　点击“背景”按钮

图 1–22　点击“画布颜色”按钮

▶▷ 步骤 5 调出“画布颜色”菜单，用户可以在其中选择合适的背景颜色，如图 1–23 所示。

▶▷ 步骤 6 在背景编辑界面点击“画布样式”按钮调出相应菜单，如图 1–24 所示。

图 1–23　选择背景颜色

图 1–24　调出“画布样式”菜单

步骤 7　用户可以在下方选择默认的画布样式模板，如图 1-25 所示。

步骤 8　另外，用户也可以在“画布样式”菜单中点击按钮，进入“照片视频”界面，在其中选择合适的背景图片或视频，如图 1-26 所示。

图 1-25　选择画布样式模板　　图 1-26　选择背景图片

步骤 9　执行操作后，即可设置自定义的背景效果，如图 1-27 所示。

步骤 10　在背景编辑界面中点击“画布模糊”按钮调出相应菜单，选择合适的模糊程度，即可制作出抖音中常见的分屏模糊背景视频效果，如图 1-28 所示。

图 1-27　设置自定义的背景效果　　图 1-28　选择合适的模糊程度

1.6 磨皮瘦脸：美化视频中的人物

【效果展示】：在剪映 App 中，调整“磨皮”参数可以为视频中人物进行磨皮，去除皮肤瑕疵；调整“瘦脸”参数则可以为人物瘦脸，效果如图 1-29 所示。

扫码看效果

扫码看视频

图 1-29　磨皮瘦脸效果展示

下面介绍如何使用剪映 App 的“美颜”功能，处理人物视频的操作方法。

▶▷ 步骤 1　在剪映 App 中导入一个素材，点击“剪辑”按钮，如图 1-30 所示。

▶▷ 步骤 2　在剪辑菜单中，点击“美颜”按钮，如图 1-31 所示。

图 1-30　点击“剪辑”按钮

图 1-31　点击“美颜”按钮

▶▷ 步骤 3　执行操作后，调出“美颜”菜单，❶选择“磨皮”选项；

❷适当向右拖动滑块，使得人物的皮肤更加细腻，如图 1–32 所示。

▶▷ 步骤 4 ❶选择“瘦脸”选项；❷适当向右拖动滑块，使人物的脸型更加完美，如图 1–33 所示。

图 1–32 选择“磨皮”选项

图 1–33 选择“瘦脸”选项

1.7 视频完成：多种路径可供分享

用户将视频剪辑完成后，需要将视频导出保存，在导出视频前，❶可以点击右上角“导出”按钮左侧的下拉按钮；❷在弹出的面板中对视频的分辨率和帧率进行设置，如图 1–34 所示。设置完成后，点击“导出”按钮，如图 1–35 所示。

图 1–34 设置分辨率和帧率

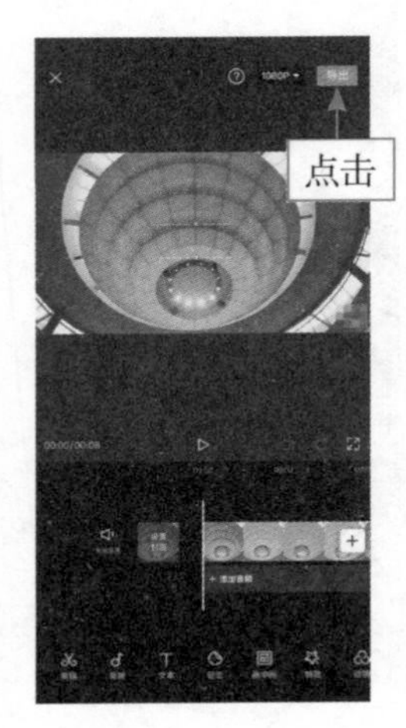

图 1–35 点击“导出”按钮

在导出视频的过程中，提示用户不要锁屏或者切换程序，如图 1-36 所示。导出完成后，❶点击“抖音”按钮并选中“同步到西瓜视频”单选按钮，即可同时分享到抖音平台和西瓜平台；❷也可单独点击“西瓜视频”按钮，只分享到西瓜平台；❸点击“更多”按钮；❹还可以在弹出的面板中点击“今日头条”按钮，将视频分享至今日头条平台，如图 1-37 所示。点击“完成”按钮，结束此次剪辑，如图 1-38 所示。

图 1-36　导出视频

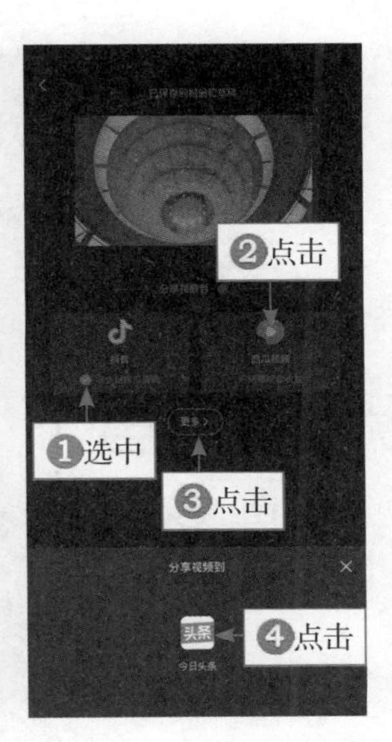

图 1-37　分享视频途径

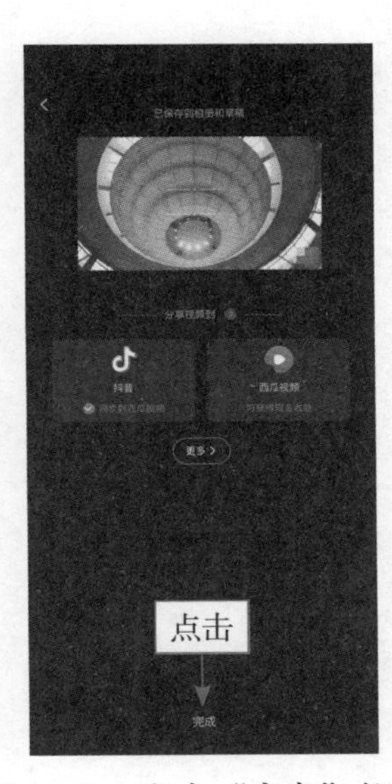

图 1-38　点击“完成”按钮

第2章 视频剪辑留下精彩

本章将介绍剪映 App 的进阶基础内容，包括变速、倒放、定格及替换等视频的基本剪辑处理方法。还包括线性蒙版、绿幕抠像及添加关键帧等能增添视频趣味性但又有一定操作难度的剪辑方法。

2.1　剪辑视频：视频的基本剪辑处理

【效果展示】：在剪映 App 中，用户可以对视频素材进行分割、删除及复制等操作，制作更美观、流畅的短视频，效果如图 2-1 所示。

图 2-1　视频剪辑效果展示

扫码看效果　　　　扫码看视频

下面介绍使用剪映 App 对短视频进行剪辑处理的基本操作方法。

步骤 1　打开剪映，在主界面中点击“开始创作”按钮，如图 2-2 所示。

步骤 2　进入“最近项目”界面，❶选择合适的视频素材；❷点击右下角的“添加”按钮，如图 2-3 所示。

图 2-2　点击“开始创作”按钮

图 2-3　选择合适的视频素材

▶▷ 步骤 3 执行操作后，即可打开该视频素材，点击左下角的“剪辑”按钮，如图 2-4 所示。

▶▷ 步骤 4 执行操作后，进入视频剪辑界面，如图 2-5 所示。

图 2-4 点击“剪辑”按钮

图 2-5 进入视频剪辑界面

▶▷ 步骤 5 移动时间轴至两个片段的相交处，如图 2-6 所示。

▶▷ 步骤 6 点击“分割”按钮，即可分割视频，效果如图 2-7 所示。

图 2-6 移动时间轴

图 2-7 分割视频

▶▷ 步骤 7 移动时间轴，❶选择视频的片尾；❷点击“删除”按钮，如图 2-8 所示。

▶▷ 步骤 8 执行操作后，即可删除剪映默认添加的片尾，如图 2-9 所示。

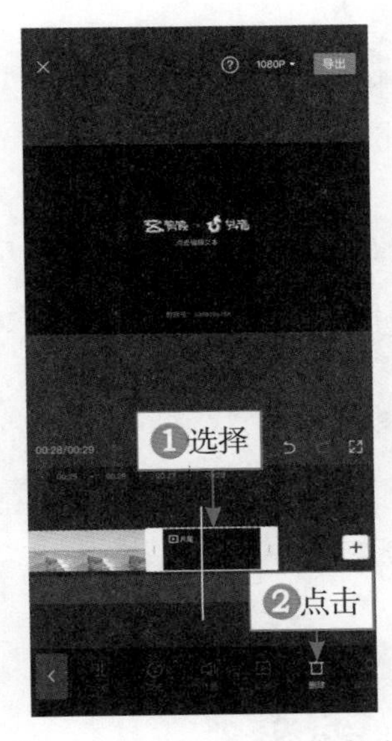

图 2-8 点击“删除”按钮

图 2-9 删除片尾

▶▷ 步骤 9 在剪辑菜单中点击“编辑”按钮，可以对视频进行镜像、旋转和裁剪等编辑处理，如图 2-10 所示。

▶▷ 步骤 10 ❶在剪辑界面点击“复制”按钮；❷可以快速复制选择的视频片段，然后添加到想要添加的地方，如图 2-11 所示。

图 2-10 视频编辑功能

图 2-11 复制选择的视频片段

2.2 变速功能：制作曲线变速短视频

【效果展示】：在剪映 App 中应用曲线变速功能，可以使视频的播放速度一会儿快、一会儿慢，使视频更具有动感，效果如图 2-12 所示。

图 2-12 曲线变速效果展示

扫码看效果

扫码看视频

下面介绍使用剪映 App 制作曲线变速短视频的操作方法。

▶▷ 步骤 1 在剪映 App 中导入一个视频素材，并添加合适的背景音乐，点击底部的“剪辑”按钮，如图 2-13 所示。

▶▷ 步骤 2 进入剪辑编辑界面，在底部工具栏中点击“变速”按钮，如图 2-14 所示。

图 2-13 点击“剪辑”按钮

图 2-14 点击“变速”按钮

▶▷ 步骤 3　执行操作后，底部显示变速操作菜单，剪映 App 提供了常规变速和曲线变速两种功能，如图 2-15 所示。

▶▷ 步骤 4　点击“常规变速”按钮进入相应的编辑界面，拖动红色的变速圆圈滑块，即可调整整段视频的播放速度，如图 2-16 所示。

图 2-15　变速操作菜单

图 2-16　常规变速编辑界面

▶▷ 步骤 5　在变速操作菜单中点击“曲线变速”按钮，进入“曲线变速”编辑界面，如图 2-17 所示。

▶▷ 步骤 6　选择“自定”选项，点击“点击编辑”按钮，如图 2-18 所示。

图 2-17　进入“曲线变速”界面

图 2-18　点击“点击编辑”按钮

▶▷ 步骤 7 执行操作后，进入“自定”编辑界面，系统自动添加了一些变速点，向上拖动变速点，即可增加播放速度，如图 2–19 所示。

▶▷ 步骤 8 向下拖动变速点，即可降低播放速度，如图 2–20 所示。

图 2–19 向上拖动变速点

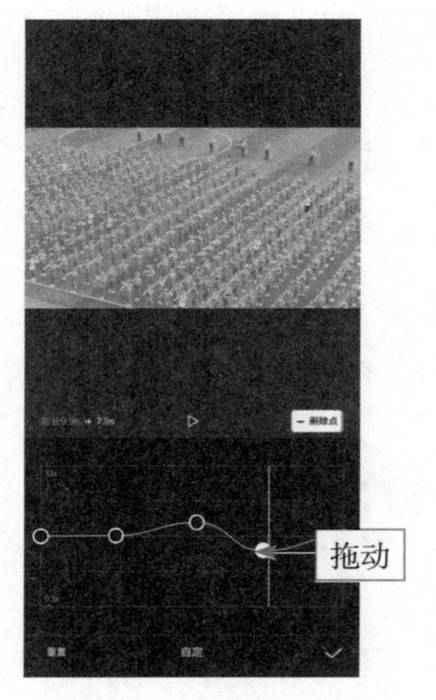

图 2–20 向下拖动变速点

▶▷ 步骤 9 返回“曲线变速”编辑界面，选择“蒙太奇”选项，如图 2–21 所示。

▶▷ 步骤 10 点击“点击编辑”按钮，进入“蒙太奇”编辑界面，将时间轴拖动到需要变速处理的位置，如图 2–22 所示。

图 2–21 选择“蒙太奇”选项

图 2–22 拖动时间轴

▶▷ 步骤 11 点击“添加点”按钮，即可添加一个新的变速点，如图 2-23 所示。

▶▷ 步骤 12 将时间轴拖动到需要删除的变速点上，如图 2-24 所示。

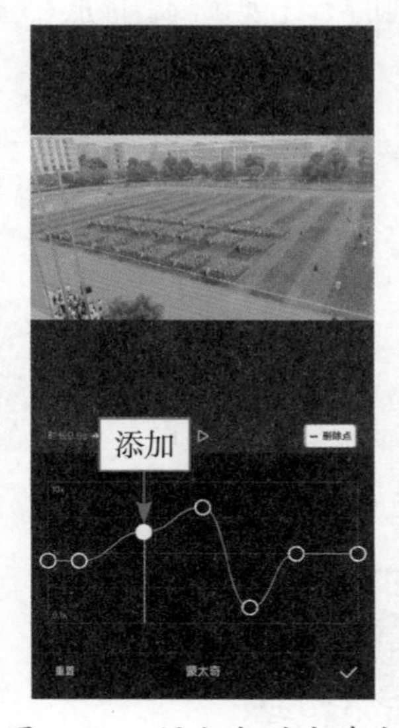

图 2-23 添加新的变速点

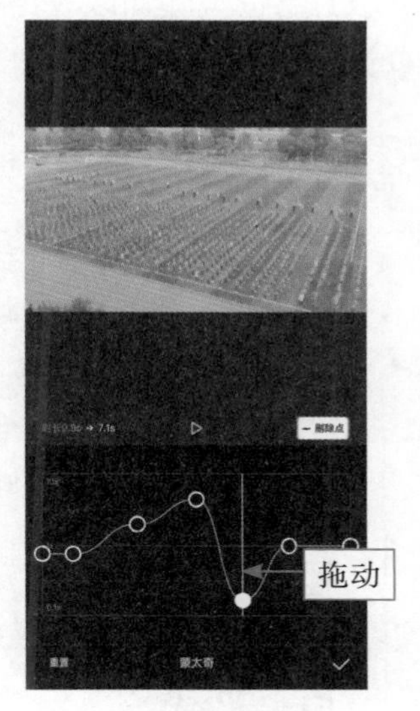

图 2-24 拖动时间轴

▶▷ 步骤 13 点击“删除点”按钮，即可删除所选的变速点，如图 2-25 所示。

▶▷ 步骤 14 根据背景音乐的节奏，适当添加、删除并调整变速点的位置，点击右下角的✓按钮确认，完成曲线变速的调整，如图 2-26 所示。点击右上角的“导出”按钮，导出并播放预览视频。

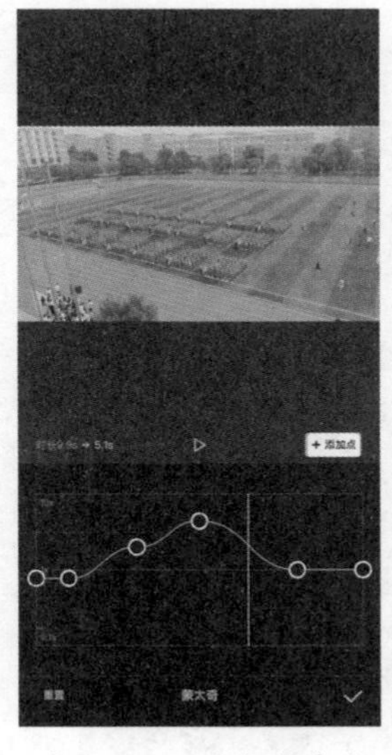

图 2-25 删除变速点

图 2-26 完成曲线变速的调整

2.3 倒放功能：让视频中的时光倒流

【效果展示】：倒放功能可以改变视频的播放顺序，让视频倒着播放，增添趣味性，效果如图 2-27 所示。

图 2-27 倒放功能效果展示

扫码看效果

扫码看视频

下面介绍使用剪映 App 制作视频倒放效果的操作方法。

▶▷ 步骤 1 在剪映 App 中导入一个视频素材，并添加一段合适的背景音乐，如图 2-28 所示。

▶▷ 步骤 2 点击底部的“剪辑”按钮，进入剪辑编辑界面，❶选择相应的视频片段；❷在底部工具栏中点击“倒放”按钮，如图 2-29 所示。

图 2-28 添加背景音乐

图 2-29 点击“倒放”按钮

▶▷ 步骤 3 系统会对视频片段进行倒放处理，并显示处理进度，如图 2–30 所示。

▶▷ 步骤 4 稍等片刻，即可倒放所选视频，如图 2–31 所示。

图 2–30 显示倒放处理进度

图 2–31 倒放所选视频

2.4 定格功能：制作拍照定格的效果

【效果展示】：定格功能可以固定一段视频，让视频维持一段时间不动，可以突出这段视频，效果如图 2–32 所示。

图 2–32 视频定格效果展示

扫码看效果

扫码看视频

下面介绍使用剪映 App 制作视频定格效果的操作方法。

▶▷ 步骤 1 点击底部的“剪辑”按钮，进入剪辑编辑界面，❶拖动时间轴至需要定格的位置处；❷在底部工具栏中点击“定格”按钮，如图 2-33 所示。

▶▷ 步骤 2 执行操作后，即可自动生成定格画面片段，并延长该片段的持续时间，如图 2-34 所示。

图 2-33 点击“定格”按钮

图 2-34 分割出定格片段画面

2.5 替换功能：快速更换短视频素材

【效果展示】：替换功能可以将一段不需要的视频替换成想要的视频素材，达到用户预想的视频效果，如图 2-35 所示。

图 2-35 替换功能效果展示

扫码看效果

扫码看视频

下面介绍使用剪映 App 替换视频素材的操作方法。

▶▷ 步骤 1　在剪映 App 中打开一个视频素材，如图 2-36 所示。

▶▷ 步骤 2　如果用户发现更好看的素材，可以使用“替换”功能将其替换，❶选择要替换掉的视频片段；❷点击剪辑菜单中的“替换”按钮，如图 2-37 所示。

图 2-36　打开视频素材

图 2-37　点击“替换”按钮

▶▷ 步骤 3　进入“最近项目”界面，选择替换素材，如图 2-38 所示。

▶▷ 步骤 4　执行操作后，可以预览素材的效果，如图 2-39 所示。

图 2-38　选择替换素材

图 2-39　预览动画素材的效果

▶▷ 步骤 5　拖动底部的白色矩形框，确认选取的素材片段范围，如图 2-40 所示。

▶▷ 步骤 6　点击“确认”按钮后，即可替换所选的素材，如图 2-41 所示。

图 2-40　选取素材片段范围

图 2-41　替换所选的素材

2.6　线性蒙版：在同时空与自己相遇

【效果展示】：线性蒙版功能可以将相同机位、相同地点的视频拼接起来，是一种极具个性的视频制作方法，效果如图 2-42 所示。

扫码看效果

扫码看视频

图 2-42　线性蒙版效果展示

下面介绍在剪映 App 中使用线性蒙版功能的操作方法。

步骤 1　在剪映 App 中导入并选择第一段视频素材，❶将时间轴拖动至人物还未出现在画面中的位置处；❷点击“定格”按钮，如图 2-43 所示。

▷▷ 步骤 2 将“定格”生成的图片拖动至视频轨道的最后面，并适当调整其长度，如图 2-44 所示。

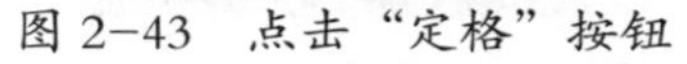
图 2-43 点击“定格”按钮

图 2-44 调整定格图片的顺序和长度

▷▷ 步骤 3 点击后面两段视频中间的转场按钮▯，如图 2-45 所示。

▷▷ 步骤 4 进入“转场”编辑界面，选择“叠化”转场效果，如图 2-46 所示。

图 2-45 点击相应按钮

图 2-46 选择“叠化”转场效果

步骤 5 ❶将时间轴拖动至第 1 段视频中人物即将坐下的位置处；❷依次点击“画中画”和“新增画中画”按钮，如图 2-47 所示。

步骤 6 进入“最近项目”界面，❶选择第 2 段视频素材；❷点击“添加”按钮导入视频，如图 2-48 所示。

图 2-47 点击“新增画中画”按钮

图 2-48 点击“添加”按钮

步骤 7 导入视频后，在预览区域中将视频画面放大至满屏，如图 2-49 所示。

步骤 8 在底部的剪辑工具栏中点击“蒙版”按钮，如图 2-50 所示。

图 2-49 放大视频画面

图 2-50 点击“蒙版”按钮

▶▷ 步骤 9 进入“蒙版”编辑界面，选择“线性”选项，如图 2-51 所示。

▶▷ 步骤 10 旋转并移动线性蒙版控制条至人物中间的位置处，如图 2-52 所示。点击右上角的“导出”按钮，导出并播放预览视频，查看效果。

图 2-51 选择“线性”选项

图 2-52 调整线性蒙版控制条

2.7 绿幕抠像：用手机实现空间置换

【效果展示】：绿幕抠像能将不同的视频十分契合地拼在一起，能满足用户的特殊需求，效果如图 2-53 所示。

图 2-53 绿幕抠像效果展示

扫码看效果

扫码看视频

下面介绍在剪映 App 中进行绿幕抠像的操作方法。

步骤 1　在剪映 App 中导入一个视频素材，点击“画中画”按钮，如图 2-54 所示。

步骤 2　进入画中画编辑界面，点击底部工具栏中的“新增画中画”按钮，如图 2-55 所示。

图 2-54　点击“画中画”按钮

图 2-55　点击“新增画中画”按钮

步骤 3　❶导入绿幕视频素材；❷在预览区域中放大视频画面，如图 2-56 所示。

步骤 4　选择绿幕视频素材，点击“色度抠图”按钮，如图 2-57 所示。

图 2-56　导入绿幕视频素材

图 2-57　点击“色度抠图”按钮

步骤 5　在预览区域中拖动取色器，调整其位置，选取绿色区域，如图 2-58 所示。

▶▷ 步骤 6 ❶点击“强度”按钮；❷将参数设置为 100，如图 2-59 所示。点击右上角的“导出”按钮，导出并播放预览视频，查看效果。

图 2-58 调整取色器位置

图 2-59 设置“强度”参数

2.8 添关键帧：月亮延时移动的效果

【效果展示】：添加关键帧可以实现对画面的控制，或者动画的控制，效果如图 2-60 所示。

扫码看效果

扫码看视频

图 2-60 月亮延时移动效果展示

下面介绍在剪映 App 中使用关键帧制作运动效果的操作方法。

▶▷ 步骤 1 在剪映 App 中，点击“开始创作”按钮，导入一段素材，点击“画中画”按钮，如图 2-61 所示。

▶▷ 步骤 2 点击“新增画中画”按钮，如图 2-62 所示。

图 2-61 点击“画中画”按钮

图 2-62 点击“新增画中画”按钮

▶▷ 步骤 3 进入“最近项目”界面，选择并添加一段素材，点击下方工具栏中的“混合模式”按钮，如图 2-63 所示。

▶▷ 步骤 4 在混合模式菜单中找到并选择契合视频的效果，如图 2-64 所示。

图 2-63 点击“混合模式”按钮

图 2-64 选择合适效果

步骤 5 点击按钮应用混合模式，①拖动月亮素材右侧的白色拉杆，使其与视频时长保持一致；②调整素材大小并将其移动至合适位置，如图 2-65 所示。注意：因为这里导入的素材是图片，所以直接拖动白色拉杆即可调整素材时长。

步骤 6 ①拖动时间轴至视频开头的位置；②点击时间线区域右上方的按钮；③视频轨道上显示一个红色的菱形标志，表示成功添加一个关键帧，如图 2-66 所示。

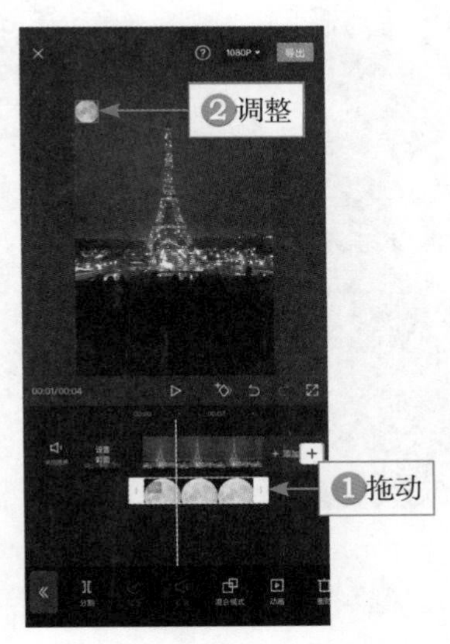

图 2-65　调整素材大小和位置

图 2-66　成功添加关键帧

步骤 7 执行操作后，拖动一下时间轴，对素材的位置及大小再做改变，新的关键帧将自动生成，重复多次操作，制作素材的运动效果，如图 2-67 所示。

图 2-67　制作素材的运动效果

2.9 添加片尾：统一短视频作品片尾

【效果展示】：常看短视频的用户应该会发现，一般“网红”发的短视频，片尾都会统一一个风格，效果如图 2-68 所示。

扫码看效果

扫码看视频

图 2-68　短视频作品片尾展示

下面介绍使用剪映 App 制作统一抖音片尾风格视频的操作方法。

▶▷ 步骤 1　在剪映 App 中导入白底视频素材，点击“比例”按钮，选择 9 : 16 选项，如图 2-69 所示。

▶▷ 步骤 2　点击 ‹ 按钮返回主界面，依次点击“画中画”按钮和“新增画中画”按钮，如图 2-70 所示。

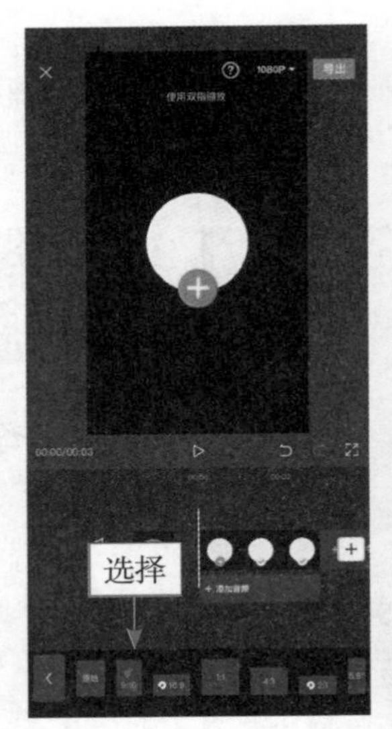

图 2-69　选择 9 : 16 选项

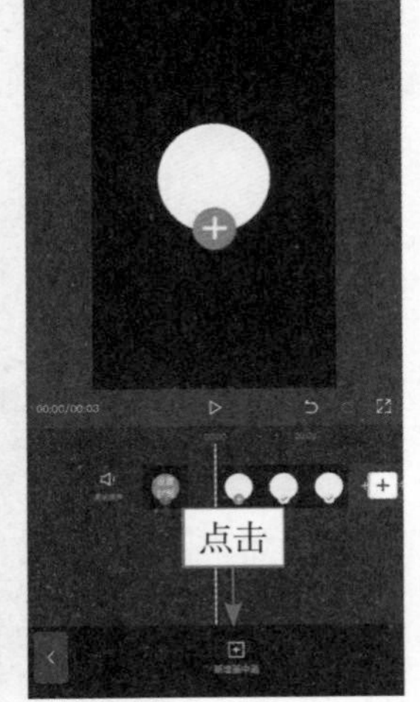

图 2-70　点击“新增画中画”按钮

▷▷ 步骤 3　进入“最近项目”界面后，❶选择一段视频或照片素材；❷点击“添加”按钮，如图 2-71 所示。

▷▷ 步骤 4　执行操作后，点击下方工具栏中的“混合模式”按钮，如图 2-72 所示。

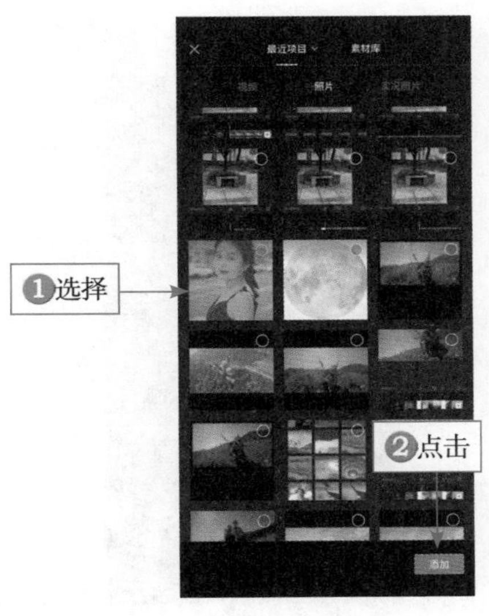

图 2-71　点击“添加”按钮

图 2-72　点击“混合模式”按钮

▷▷ 步骤 5　打开混合模式菜单后，选择“变暗”选项，如图 2-73 所示。

▷▷ 步骤 6　在预览区域调整画中画素材的位置和大小，点击✓按钮返回，点击“新增画中画”按钮，如图 2-74 所示。

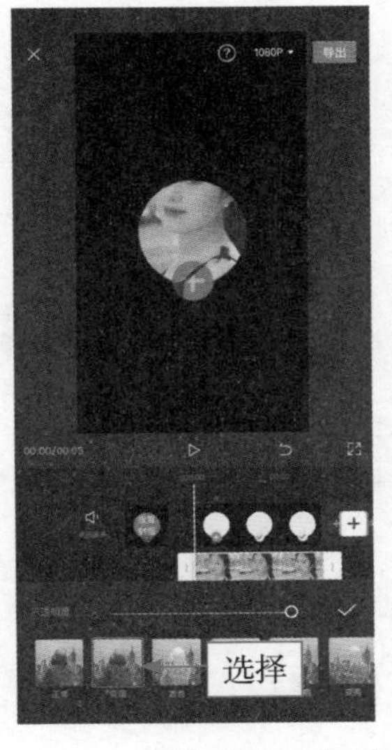

图 2-73　选择“变暗”选项

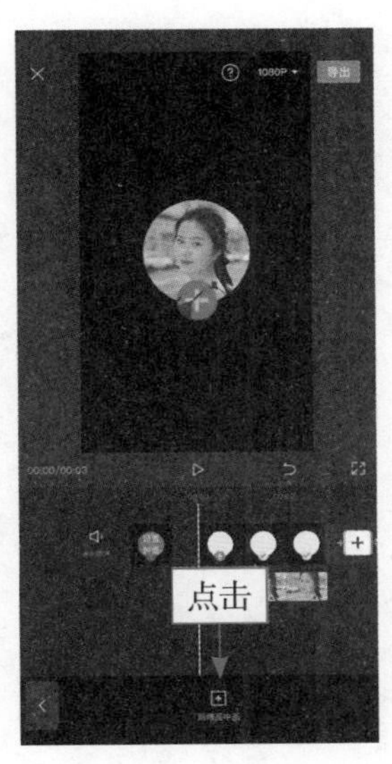

图 2-74　点击“新增画中画”按钮

▶▷ 步骤 7 进入“最近项目”界面后，选择黑底素材，点击“添加”按钮，导入黑底素材，如图 2-75 所示。

▶▷ 步骤 8 执行操作后，点击“混合模式”按钮，打开混合模式菜单后，❶选择“变亮”选项；❷在预览区域调整黑底素材的位置和大小，如图 2-76 所示。

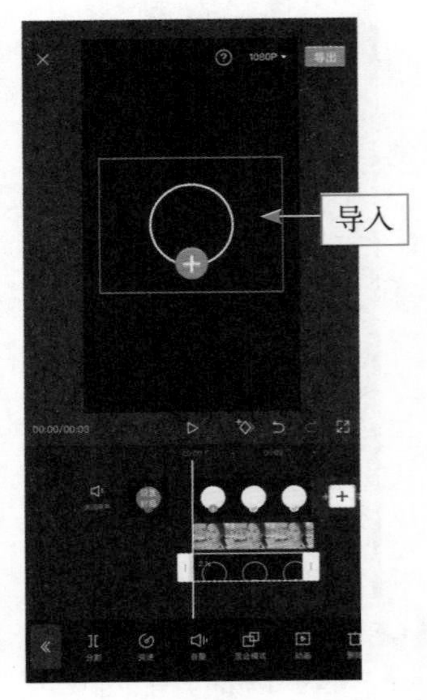

图 2-75 导入黑底素材

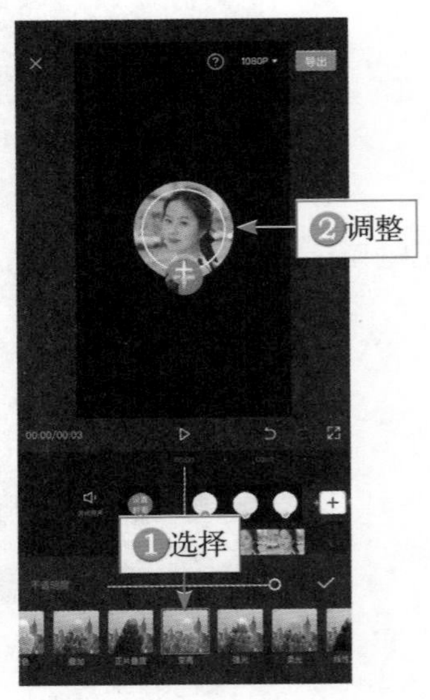

图 2-76 选择“变亮”选项

第3章
绚丽滤镜增强光影

本章主要介绍对视频素材使用滤镜进行调色校正的方法。很多用户都不知道如何对视频调色，本章将为大家介绍清新滤镜、风景滤镜、美食滤镜及风格化滤镜等 8 种滤镜，帮助大家为视频选择合适的滤镜。

3.1 添加滤镜：增强短视频画面色彩

【效果展示】：滤镜是剪映 App 的基础功能之一，可以改变视频的色彩、风格等，效果如图 3–1 所示。

图 3–1 添加滤镜效果展示

扫码看效果

扫码看视频

添加滤镜可以让你的视频色彩更加丰富、鲜亮。下面介绍使用剪映 App 为短视频添加滤镜效果的操作方法。

▶▷ 步骤 1　在剪映 App 中导入一个素材，点击一级工具栏中的“滤镜”按钮，如图 3–2 所示。

▶▷ 步骤 2　进入“滤镜”编辑界面，可以看到里面有质感、清新、风景及复古等滤镜选项卡，如图 3–3 所示。

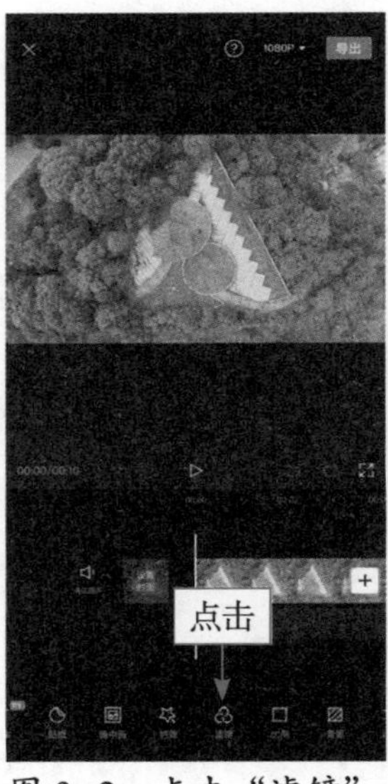

图 3–2 点击“滤镜”按钮

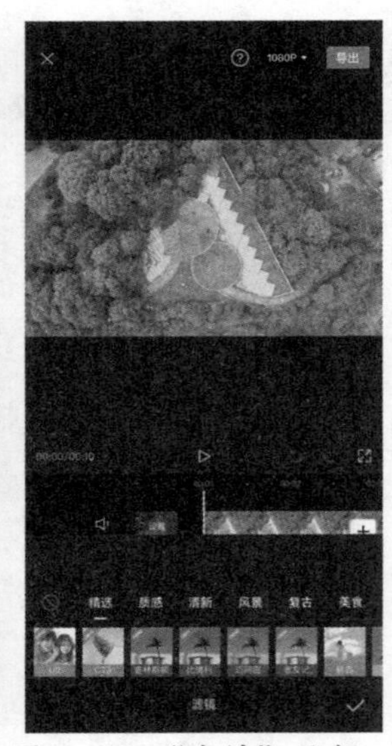

图 3–3 “滤镜”编辑界面

▶▷ 步骤 3 ❶用户可根据视频场景选择合适的滤镜效果；❷拖动“滤镜”界面上方的白色圆环滑块，适当调整滤镜的应用程度参数，如图 3-4 所示。

▶▷ 步骤 4 点击✓按钮返回，拖动滤镜轨道右侧的白色拉杆，调整滤镜的时间，使其与视频时间保持一致，如图 3-5 所示。点击“导出”按钮，即可导出视频。

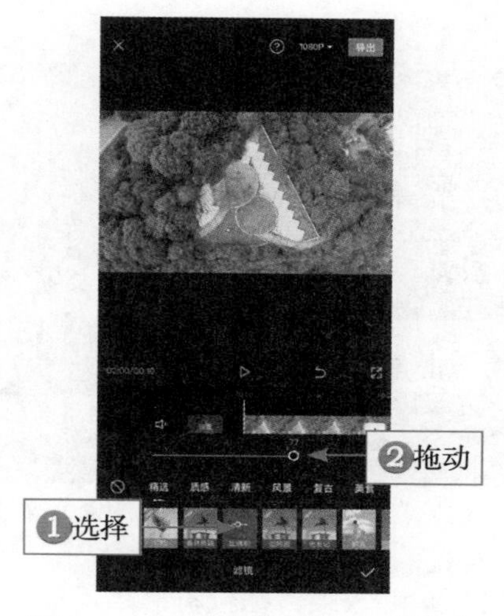

图 3-4 选择滤镜调整程度参数

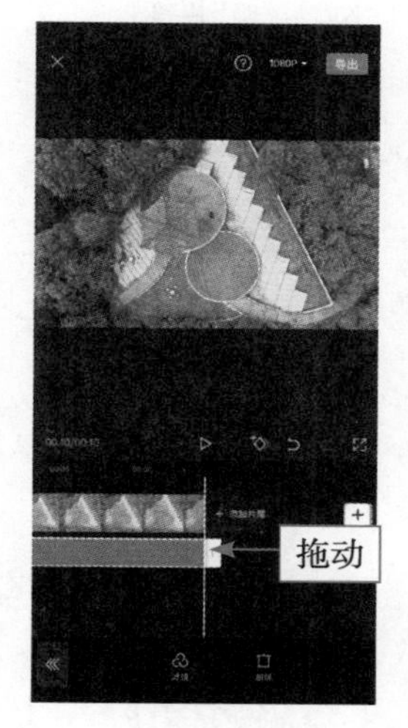

图 3-5 调整滤镜的时间

3.2 清新滤镜：瞬间调出鲜亮感画面

【效果展示】：清新滤镜是剪映 App 中一种较为基础的滤镜，可以使画面变得更加清新、鲜亮，效果如图 3-6 所示。

图 3-6 清新滤镜效果展示

扫码看效果

扫码看视频

剪映 App 中的清新滤镜包括鲜亮、清透、淡奶油及济州等效果。下面介绍使用剪映 App 为短视频添加清新滤镜的操作方法。

▶▷ 步骤 1 在剪映 App 中导入一个素材，点击一级工具栏中的"滤镜"按钮，如图 3-7 所示。

▶▷ 步骤 2 进入"滤镜"编辑界面后，切换至"清新"滤镜选项卡，如图 3-8 所示。

图 3-7 点击"滤镜"按钮　图 3-8 "清新"滤镜选项卡

▶▷ 步骤 3 执行操作后，选择"潘多拉"滤镜效果，在预览区域可以看到画面效果，如图 3-9 所示。

▶▷ 步骤 4 向左拖动"滤镜"界面上方的白色圆环滑块，适当调整滤镜的应用程度参数，如图 3-10 所示。

图 3-9 选择"潘多拉"滤镜效果

图 3-10 调整应用程度参数

▶▷ 步骤 5　用户也可以在其中多尝试一些滤镜，选择一个与短视频风格最相符的滤镜，如图 3–11 所示。

图 3–11　选择合适的滤镜效果

▶▷ 步骤 6　选择好合适的滤镜后，点击✓按钮即可添加该滤镜。此时，时间线区域将会生成一条滤镜轨道，如图 3–12 所示。

▶▷ 步骤 7　拖动滤镜轨道右侧的白色拉杆，调整滤镜的持续时长，使其与视频时长保持一致，如图 3–13 所示。

图 3–12　生成滤镜轨道

图 3–13　调整滤镜持续时长

步骤 8　点击《按钮返回，在二级工具栏中，点击“新增调节”按钮，如图 3-14 所示。

步骤 9　进入“调节”编辑界面，❶选择“亮度”选项；❷向左拖动白色圆环滑块，将参数调节至 -8，如图 3-15 所示。

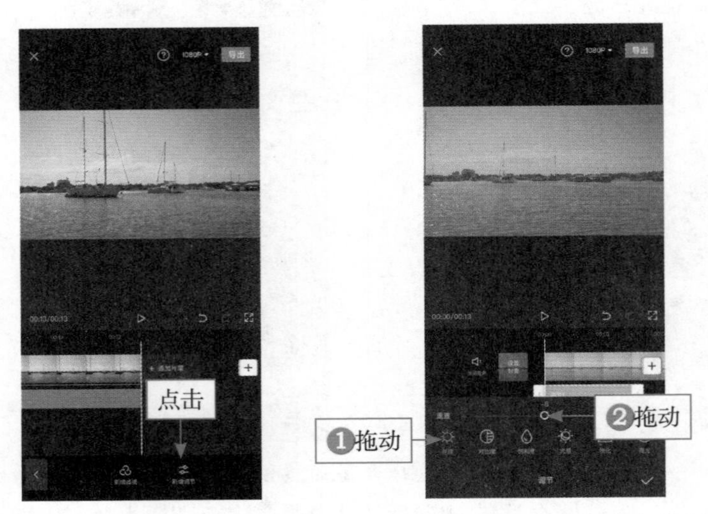

图 3-14　点击“新增调节”按钮　　图 3-15　调节“亮度”参数

步骤 10　❶选择“对比度”选项；❷向左拖动白色圆环滑块，将参数调节至 -15，如图 3-16 所示。

步骤 11　❶选择“饱和度”选项；❷向右拖动白色圆环滑块，将参数调节至 10，如图 3-17 所示。

图 3-16　调节“对比度”参数　　图 3-17　调节“饱和度”参数

▷▷ 步骤 12　❶选择“锐化”选项；❷向右拖动白色圆环滑块，将参数调节至 10，如图 3-18 所示。

▷▷ 步骤 13　❶选择“色温”选项；❷向左拖动白色圆环滑块，将参数调节至 -11，如图 3-19 所示。

图 3-18　调节“锐化”参数

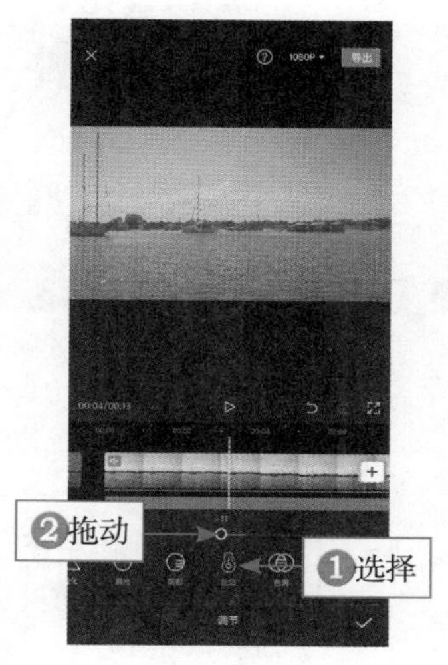

图 3-19　调节“色温”参数

▷▷ 步骤 14　❶选择“色调”选项；❷向右拖动白色圆环滑块，将参数调节至 7，如图 3-20 所示。

▷▷ 步骤 15　点击✓按钮返回，拖动调节轨道右侧的白色拉杆，调整“调节”效果的持续时间，使其与视频时间保持一致，如图 3-21 所示。

图 3-20　调节“色调”参数

图 3-21　调整效果的持续时间

3.3 风景滤镜：让画面瞬间变小清新

【效果展示】：风景滤镜也是剪映 App 中一种常用的滤镜，主要用于更改或者调整色调，使风景类视频颜色更透亮、鲜艳，效果如图 3-22 所示。

图 3-22 风景滤镜效果展示

扫码看效果

扫码看视频

剪映 App 中有暮色、仲夏及晴空等风景滤镜。下面介绍使用剪映 App 为短视频添加风景滤镜效果的操作方法。

▶▷ 步骤 1 在剪映 App 中导入一个素材，点击一级工具栏中的“滤镜”按钮，如图 3-23 所示。

▶▷ 步骤 2 进入“滤镜”编辑界面后，切换至“风景”滤镜选项卡，如图 3-24 所示。

图 3-23 点击“滤镜”按钮

图 3-24 “风景”滤镜选项卡

▶▷ 步骤 3 用户可以在其中多尝试一些滤镜，选择一个与短视频风格最相符的滤镜，如图 3-25 所示。

图 3-25 选择合适的滤镜效果

▶▷ 步骤 4 ❶选择“晴空”滤镜效果；❷向左拖动“滤镜”界面上方的白色圆环滑块，适当调整滤镜的应用程度参数，如图 3-26 所示。

▶▷ 步骤 5 执行操作后，点击✓按钮即可添加该滤镜，拖动滤镜轨道右侧的白色拉杆，调整滤镜的持续时长，使其与视频时长保持一致，如图 3-27 所示。

图 3-26 调整应用程度参数　　图 3-27 调整滤镜的持续时长

3.4 美食滤镜：让食物效果更加诱人

【效果展示】：美食滤镜是剪映 App 中主要用于食物的滤镜，添加美食滤镜能让食物变得更加诱人，看起来更有食欲，效果如图 3-28 所示。

图 3-28　食物滤镜效果展示

扫码看效果　　　　扫码看视频

下面介绍使用剪映 App 为短视频添加美食滤镜效果的操作方法。

▶▷ 步骤 1　在剪映 App 中导入一个素材，点击一级工具栏中的“滤镜”按钮，如图 3-29 所示。

▶▷ 步骤 2　进入“滤镜”编辑界面后，切换至“美食”滤镜选项卡，如图 3-30 所示。

图 3-29　点击“滤镜”按钮

图 3-30　“美食”滤镜选项卡

▶▷ 步骤 3 用户可以在其中多尝试一些滤镜，选择一个与短视频风格最相符的滤镜，让短视频中的美食更显美味，如图 3-31 所示。

图 3-31　选择合适的滤镜效果

▶▷ 步骤 4 ❶选择“可口”滤镜效果；❷向左拖动“滤镜”界面上方的白色圆环滑块，适当调整滤镜的应用程度参数，如图 3-32 所示。

▶▷ 步骤 5 执行操作后，点击✓按钮即可添加该滤镜，拖动滤镜轨道右侧的白色拉杆，调整滤镜的持续时长，使其与视频时长保持一致，如图 3-33 所示。

图 3-32　调整应用程度参数

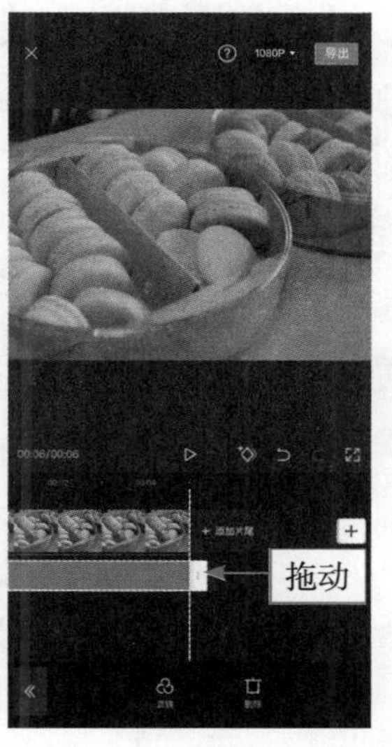

图 3-33　调整滤镜的持续时长

3.5 复古滤镜：经典而又浓烈的画风

【效果展示】：复古滤镜是剪映 App 中偏功能性的滤镜，添加复古滤镜能为视频添加复古气氛，效果如图 3-34 所示。

图 3-34　复古滤镜效果展示

扫码看效果

扫码看视频

剪映 App 中的复古滤镜包括东京、童年、美式及德古拉等效果。下面介绍使用剪映 App 为短视频添加复古滤镜效果的操作方法。

步骤 1　在剪映 App 中导入一个素材，点击一级工具栏中的“滤镜”按钮，如图 3-35 所示。

步骤 2　进入“滤镜”编辑界面后，切换至“复古”滤镜选项卡，如图 3-36 所示。

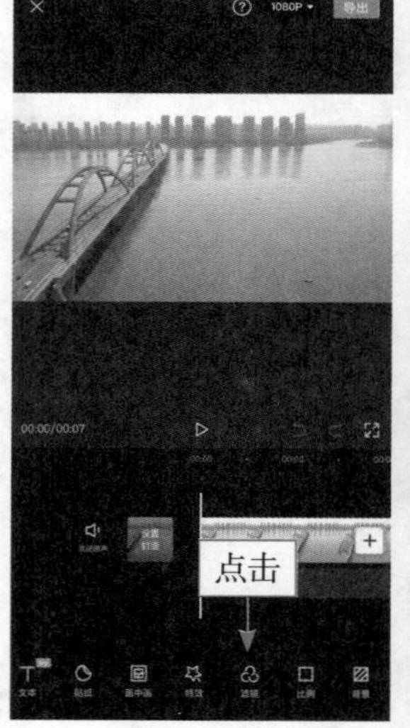

图 3-35　点击“滤镜”按钮

图 3-36　“复古”滤镜选项卡

步骤3　用户可以在其中多尝试一些滤镜，选择一个与短视频风格最相符的滤镜，让短视频中的画面更具有年代感，如图3-37所示。

图3-37　选择合适的滤镜效果

步骤4　❶选择1980滤镜效果；❷向左拖动“滤镜”界面上方的白色圆环滑块，适当调整滤镜的应用程度参数，如图3-38所示。

步骤5　执行操作后，点击✓按钮即可添加该滤镜，拖动滤镜轨道右侧的白色拉杆，调整滤镜的持续时长，使其与视频时长保持一致，如图3-39所示。

图3-38　调整应用程度参数

图3-39　调整滤镜的持续时长

▶▷ 步骤 6　点击《按钮返回，在二级工具栏中，点击“新增调节”按钮，如图 3-40 所示。

▶▷ 步骤 7　进入“调节”编辑界面，❶选择“亮度”选项；❷向左拖动白色圆环滑块，将参数调节至 -10，如图 3-41 所示。

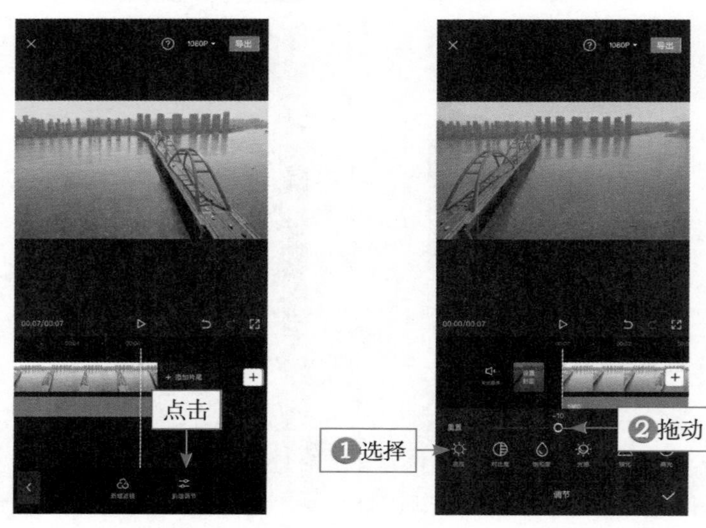

图 3-40　点击“新增调节”按钮　　　　图 3-41　调节“亮度”参数

▶▷ 步骤 8　❶选择“高光”选项；❷向左拖动白色圆环滑块，将参数调节至 -12，如图 3-42 所示。

▶▷ 步骤 9　❶选择“阴影”选项；❷向右拖动白色圆环滑块，将参数调节至 22，如图 3-43 所示。

图 3-42　调节“高光”参数

图 3-43　调节“阴影”参数

▶▷ 步骤10　❶选择“色温”选项；❷向左拖动白色圆环滑块，将参数调节至 -7，如图 3-44 所示。

▶▷ 步骤11　❶选择“色调”选项；❷向左拖动白色圆环滑块，将参数调节至 -10，如图 3-45 所示。点击✓按钮，即可完成复古滤镜的调色效果。

图 3-44　调节“色温”参数

图 3-45　调节“色调”参数

3.6　胶片滤镜：让你拥有高级大片感

【效果展示】：胶片滤镜能模仿市面上一些胶片相机的色调参数，能提供不同的相机色彩，效果如图 3-46 所示。

扫码看效果

扫码看视频

图 3-46　胶片滤镜效果展示

剪映 App 的胶片滤镜包括哈苏、柯达、菲林及过期卷等效果。下面介绍使用剪映 App 为短视频添加胶片滤镜效果的操作方法。

▶▷ 步骤 1　在剪映 App 中导入一个素材，点击一级工具栏中的“滤镜”按钮，如图 3–47 所示。

▶▷ 步骤 2　进入“滤镜”编辑界面后，切换至“胶片”滤镜选项卡，如图 3–48 所示。

图 3–47　点击“滤镜”按钮

图 3–48　“胶片”滤镜选项卡

▶▷ 步骤 3　用户可以在其中多尝试一些滤镜，选择一个与短视频风格最相符的滤镜，如图 3–49 所示。

图 3–49　选择合适的滤镜效果

步骤 4 ❶选择 KU4 滤镜效果；❷向左拖动“滤镜”界面上方的白色圆环滑块，适当调整滤镜的应用程度参数，如图 3-50 所示。

步骤 5 执行操作后，点击✓按钮即可添加该滤镜，拖动滤镜轨道右侧的白色拉杆，调整滤镜的持续时长，使其与视频时长保持一致，如图 3-51 所示。

图 3-50 调整应用程度参数

图 3-51 调整滤镜的持续时长

3.7 电影滤镜：多种百搭的电影风格

【效果展示】：电影滤镜能模仿一些比较经典的电影色调，可以满足用户的特殊需求，效果如图 3-52 所示。

图 3-52 电影滤镜效果展示

扫码看效果

扫码看视频

剪映 App 的电影滤镜包括情书、海街日记、闻香识人、敦刻尔克及春光乍泄等效果。下面介绍使用剪映 App 为短视频添加电影滤镜效果的操作方法。

▷▷ 步骤 1　在剪映 App 中导入一个素材，选中视频轨道，点击下方工具栏中的“滤镜”按钮，如图 3-53 所示。

▷▷ 步骤 2　进入“滤镜”编辑界面后，切换至“电影”滤镜选项卡，如图 3-54 所示。

图 3-53　点击“滤镜”按钮　图 3-54　“电影”滤镜选项卡

▷▷ 步骤 3　用户可以在其中多尝试一些滤镜，选择一个与短视频风格最相符的滤镜，如图 3-55 所示。

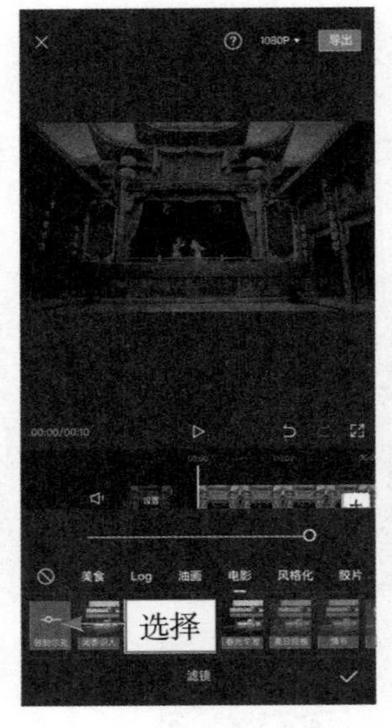

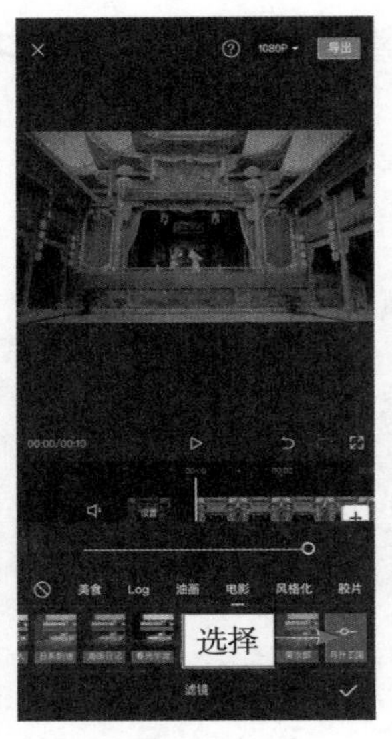

图 3-55　选择合适的滤镜效果

▷▷ 步骤 4　❶选择“情书”滤镜效果；❷向左拖动“滤镜”界面上方的白色圆环滑块，适当调整滤镜的应用程度参数，如图 3-56 所示。

▶▷ 步骤 5　点击✓按钮即可添加该滤镜，拖动滤镜轨道右侧的白色拉杆，调整滤镜的持续时长，使其与视频时长保持一致，如图 3-57 所示。

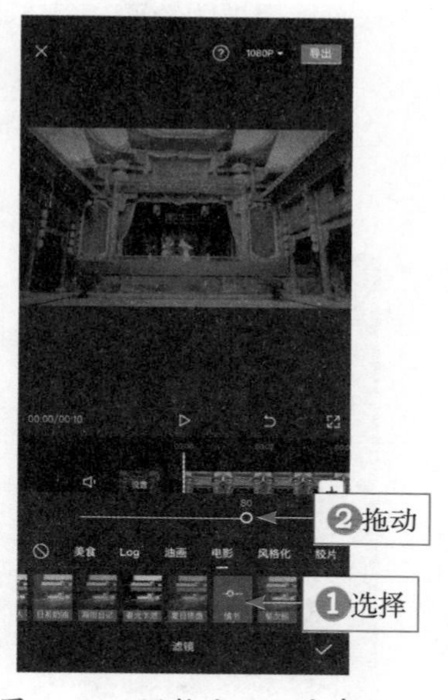

图 3-56　调整应用程度参数

图 3-57　调整滤镜时长

3.8　风格化滤镜：经典独特滤镜系列

【效果展示】：风格化滤镜是剪映 App 中一组比较炫酷的滤镜，主要用于制作一些风格比较特别的视频，效果如图 3-58 所示。

图 3-58　风格化滤镜效果展示

扫码看效果

扫码看视频

剪映 App 中有江浙沪、黑金、牛皮纸、蒸汽波及赛博朋克等风格化滤镜。下面介绍使用剪映 App 为短视频添加风格化滤镜效果的操作方法。

▶▷ 步骤 1　在剪映 App 中导入一个素材，选择视频轨道，点击下方工具栏中的“滤镜”按钮，如图 3-59 所示。

▶▷ 步骤 2　进入“滤镜”编辑界面，切换至“风格化”滤镜选项卡，如图 3-60 所示。

图 3-59　点击“滤镜”按钮

图 3-60　“风格化”滤镜选项卡

▶▷ 步骤 3　用户可以在其中多尝试一些滤镜，选择一个与短视频风格最相符的滤镜，如图 3-61 所示。

图 3-61　选择合适的滤镜效果

▷▷ 步骤 4　❶选择“黑金”滤镜效果；❷向左拖动“滤镜”界面上方的白色圆环滑块，适当调整滤镜的应用程度参数，如图 3-62 所示。

▷▷ 步骤 5　执行操作后，点击✓按钮返回，点击下方工具栏中的“调节”按钮，如图 3-63 所示。

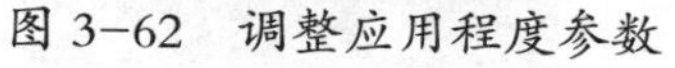

图 3-62　调整应用程度参数

图 3-63　点击“调节”按钮

▷▷ 步骤 6　进入“调节”编辑界面，❶选择“亮度”选项；❷向右拖动白色圆环滑块，将参数调节至 15，如图 3-64 所示。

▷▷ 步骤 7　❶选择“对比度”选项；❷向右拖动白色圆环滑块，将参数调节至 30，如图 3-65 所示。

图 3-64　调节“亮度”参数

图 3-65　调节“阴影”参数

▶▷ 步骤 8 ❶选择“饱和度”选项；❷向左拖动白色圆环滑块，将参数调节至 −10，如图 3−66 所示。

▶▷ 步骤 9 ❶选择“色温”选项；❷向右拖动白色圆环滑块，将参数调节至 10，如图 3−67 所示。

图 3−66 调节“饱和度”参数

图 3−67 调节“色温”参数

第4章 网红调色体现艺术

受环境、天气及光源等影响，很多用户在拍摄视频后，对视频画面的色彩、色调总有不满意的地方，但又不知如何处理。本章将介绍如何调节视频素材的色彩、色调，只要学会对视频的参数进行相应的调节，就能很好地解决“废片”问题。

4.1 功能调色：剪映调节功能的应用

【效果展示】：剪映 App 中的调节功能，在用户不满意视频的画面色彩时能够帮助用户对视频进行参数调整，达到预期效果，效果如图 4-1 所示。

图 4-1　基础功能调色效果展示

扫码看效果

扫码看视频

下面介绍使用剪映 App 调整视频画面色调的操作方法。

步骤 1　在剪映 App 中导入一个视频素材，点击底部的"调节"按钮，如图 4-2 所示。

步骤 2　进入"调节"编辑界面，❶选择"亮度"选项；❷向左调节视频亮度，选择合适的参数，如图 4-3 所示。

图 4-2　点击"调节"按钮

图 4-3　调节"亮度"参数

步骤 3　❶选择"对比度"选项；❷适当向右拖动滑块，增强画面的明暗对比效果，如图 4-4 所示。

步骤 4　❶选择"饱和度"选项；❷适当向右拖动滑块，增强画面的色彩饱和度，如图 4-5 所示。

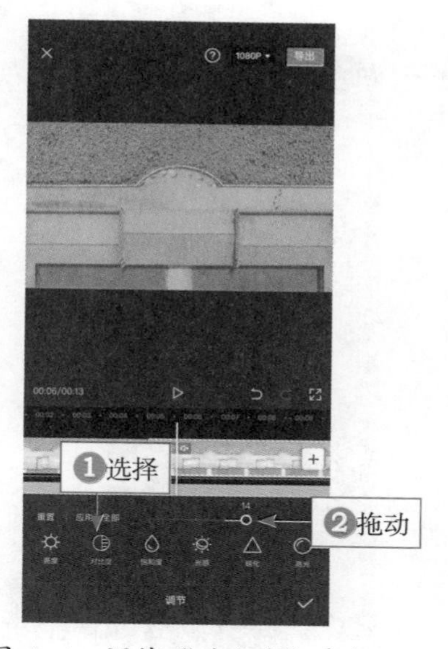

图 4-4 调节“对比度”参数

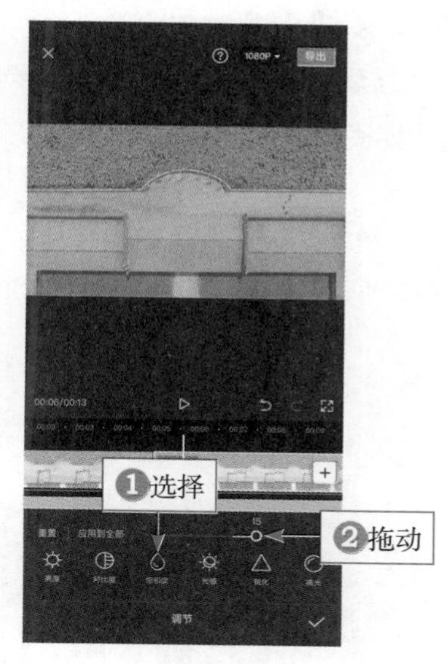

图 4-5 调节“饱和度”参数

▶▷ 步骤 5 ❶选择“锐化”选项；❷根据视频适当拖动滑块，增加画面的清晰度，如图 4-6 所示。

▶▷ 步骤 6 ❶选择“高光”选项；❷向右适当拖动滑块，增加画面中高光部分的亮度，如图 4-7 所示。

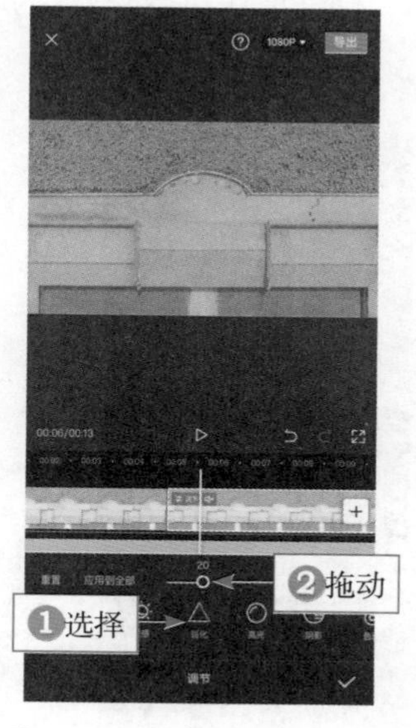

图 4-6 调节“锐化”参数

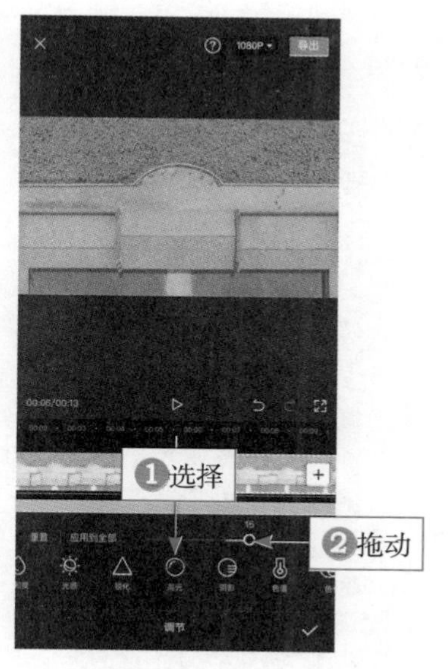

图 4-7 调节“高光”参数

▷▷ 步骤 7 ❶选择“阴影”选项；❷适当拖动滑块，增加画面中阴影部分的亮度，如图 4-8 所示。

▷▷ 步骤 8 ❶选择“色温”选项；❷向左适当拖动滑块，改变视频的冷暖色温，如图 4-9 所示。

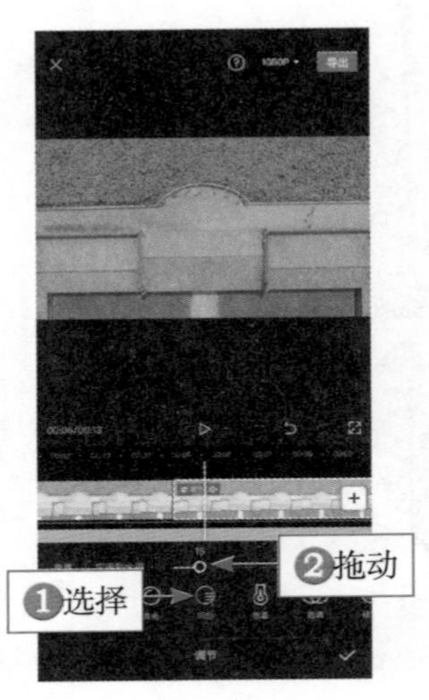

图 4-8 调整画面阴影亮度

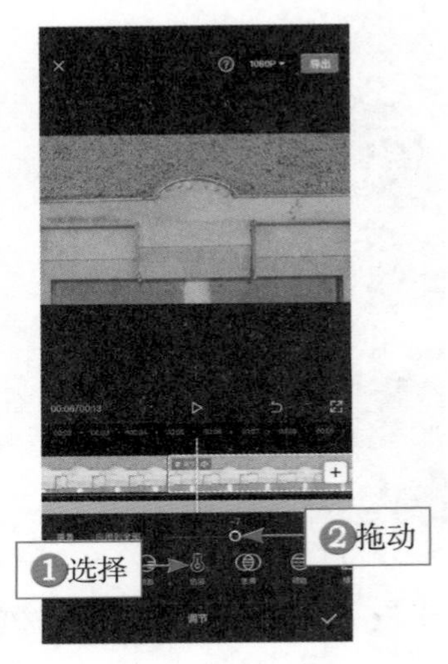

图 4-9 调整画面色温

▷▷ 步骤 9 ❶选择“色调”选项；❷向左适当拖动“色调”滑块，改变视频的青红色彩，如图 4-10 所示。

▷▷ 步骤 10 ❶选择“褪色”选项；❷向右拖动滑块可以降低画面的色彩浓度，如图 4-11 所示。

图 4-10 调节“色调”参数

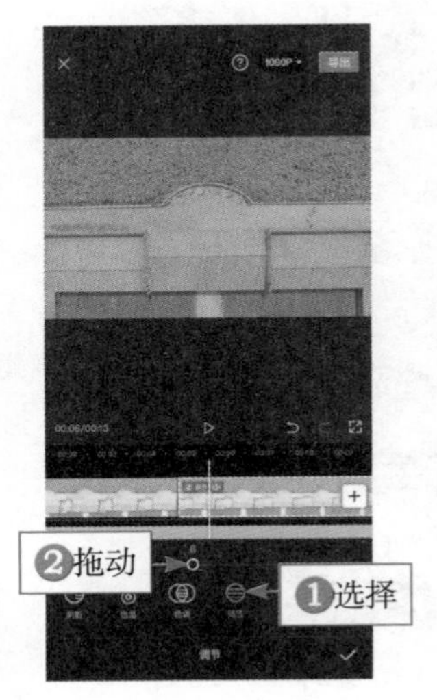

图 4-11 调节“褪色”参数

▶▷ 步骤 11 点击右下方的✓按钮，应用调节效果，如图 4–12 所示。

▶▷ 步骤 12 调整"调节"效果的持续时间，与视频时间保持一致，如图 4–13 所示。

图 4–12 应用调节效果

图 4–13 调整效果的持续时间

4.2 光影调色：多角度调节画面色调

【效果展示】：剪映 App 中有许多调节工具，能够帮助用户更好地对视频进行光影调色，效果如图 4–14 所示。

图 4–14 光影调色效果展示

扫码看效果

扫码看视频

下面介绍在剪映 App 中调整视频光影色调的操作方法。

步骤 1 在剪映App中导入一个素材，点击底部的“调节”按钮，如图 4-15 所示。

步骤 2 进入“调节”编辑界面，❶选择“亮度”选项；❷向右拖动白色圆环滑块，即可提亮画面，如图 4-16 所示。

图 4-15 点击“调节”按钮

图 4-16 调节“亮度”参数

步骤 3 ❶选择“对比度”选项；❷向右适当拖动白色圆环滑块，增强画面的明暗对比效果，如图 4-17 所示。

步骤 4 ❶选择“饱和度”选项；❷向右适当拖动白色圆环滑块，增强画面的色彩饱和度，如图 4-18 所示。

图 4-17 调节“对比度”参数

图 4-18 调节“饱和度”参数

▶▷ 步骤 5 ❶选择“锐化”选项；❷向右适当拖动白色圆环滑块，增加画面的清晰度，如图 4-19 所示。

▶▷ 步骤 6 ❶选择“高光”选项；❷向左拖动白色圆环滑块，可以增加画面中高光部分的亮度，如图 4-20 所示。

图 4-19 调节“锐化”参数 图 4-20 调节“高光”参数

▶▷ 步骤 7 ❶选择“阴影”选项；❷向右适当拖动白色圆环滑块，可以增加画面中阴影部分的亮度，如图 4-21 所示。

▶▷ 步骤 8 ❶选择“色温”选项；❷向左适当拖动白色圆环滑块，增强画面冷色调效果，如图 4-22 所示。

图 4-21 调节“阴影”参数

图 4-22 调节“色温”参数

▶▷ 步骤 9 ❶选择"色调"选项；❷向右适当拖动白色圆环滑块，增强天空的粉色效果，如图 4-23 所示。

▶▷ 步骤 10 ❶选择"褪色"选项；❷向右适当拖动白色圆环滑块，降低画面的色彩浓度，如图 4-24 所示。

图 4-23 调节"色调"参数　图 4-24 调节"褪色"参数

▶▷ 步骤 11 点击右下方的✓按钮应用调节效果，时间线区域将会生成一条调节轨道，如图 4-25 所示。

▶▷ 步骤 12 向右拖动调节轨道右侧的白色拉杆，使其与视频时间保持一致，如图 4-26 所示。

图 4-25 生成调节轨道

图 4-26 调整效果的持续时间

4.3 清晰调色：导出高清流畅的视频

【效果展示】：很多用户总觉得自己导出来的视频不够清晰，其实是因为你少调了一些细节，效果如图 4-27 所示。

图 4-27　清晰调色效果展示

扫码看效果

扫码看视频

下面介绍使用剪映 App 提升视频清晰度的操作方法。

步骤 1　在剪映 App 中导入一个视频素材，滑动下方的一级工具栏，点击“调节”按钮，如图 4-28 所示。

步骤 2　进入“调节”编辑界面后，❶选择“对比度”选项；❷向右拖动白色圆环滑块，将对比度的参数调节至 6，如图 4-29 所示。

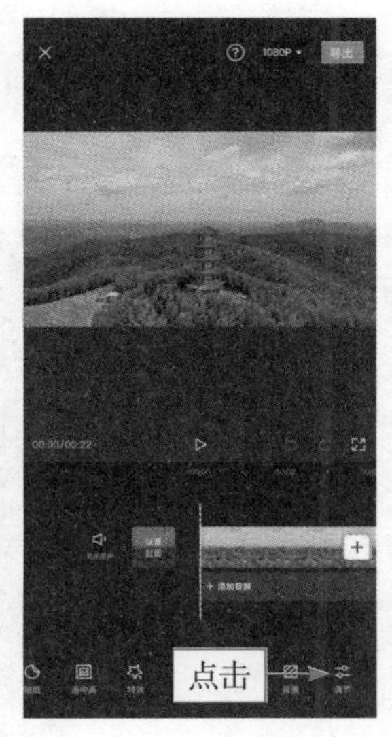

图 4-28　点击“调节”按钮

图 4-29　调节“对比度”参数

步骤 3　执行操作后，❶选择“饱和度”选项；❷向右拖动滑块，将饱和度的参数调节至 13，如图 4-30 所示。

▶▷ 步骤 4 执行操作后，❶选择“锐化”选项；❷向右拖动滑块，将锐化的参数调节至 21，如图 4-31 所示。

图 4-30 调节“饱和度”参数

图 4-31 调节“锐化”参数

▶▷ 步骤 5 调整好参数后，点击右下方的✓按钮，即为调整成功，拖动调节轨道右侧的白色拉杆，将调节轨道与视频轨道对齐，如图 4-32 所示。

▶▷ 步骤 6 执行操作后，❶点击右上方“导出”按钮左边的下拉按钮；❷拖动滑块将“分辨率”调至 2K/4K，“帧率”调至 60，如图 4-33 所示。

图 4-32 拖动白色拉杆

图 4-33 调节分辨率和帧率

4.4 花卉调色：荷花的清新纯洁之美

【效果展示】：有很多用户都喜欢拍摄荷花的短视频，但却不知道如何为荷花调色，在剪映中结合滤镜及其调节功能，便可以调出荷花的清新纯洁之美，效果如图 4-34 所示。

图 4-34 荷花调色效果展示

扫码看效果

扫码看视频

下面介绍使用剪映 App 为荷花视频调色的具体操作方法。

步骤 1 在剪映 App 中导入一个视频素材，打开剪辑二级工具栏，找到并点击“滤镜”按钮，如图 4-35 所示。

步骤 2 执行操作后，❶选择“鲜亮”滤镜效果；❷拖动滑块，将参数调节至 50，如图 4-36 所示。

图 4-35 点击“滤镜”按钮 图 4-36 滤镜调整界面

步骤 3 返回到二级工具栏，找到并点击“新增调节”按钮，如图 4-37 所示。

▶▷ 步骤 4　执行操作后，❶选择"亮度"选项；❷向左拖动滑块，将参数调节至 -15，如图 4-38 所示。

图 4-37　点击"新增调节"按钮

图 4-38　调节"亮度"参数

▶▷ 步骤 5　❶选择"对比度"选项；❷向右拖动滑块，将参数调节至 12，如图 4-39 所示。

▶▷ 步骤 6　执行操作后，❶选择"饱和度"选项；❷向右拖动滑块，将参数调节至 35，如图 4-40 所示。

图 4-39　调节"对比度"参数

图 4-40　调节"饱和度"参数

▶▷ 步骤 7 ❶选择“锐化”选项；❷向右拖动白色圆环滑块，将参数调节至 20，如图 4-41 所示。

▶▷ 步骤 8 执行操作后，❶选择“色温”选项；❷向右拖动滑块，将参数调节至 6，点击右下方的✓按钮，应用调节效果，如图 4-42 所示。

图 4-41 调节“锐化”参数

图 4-42 调节“色温”参数

4.5 暗调调色：制作电影大片的质感

【效果展示】：随着短视频的火爆，其质量也越来越高，甚至达到了电影级的画面效果，在剪映中也能轻松为视频调出电影大片的质感，效果如图 4-43 所示。

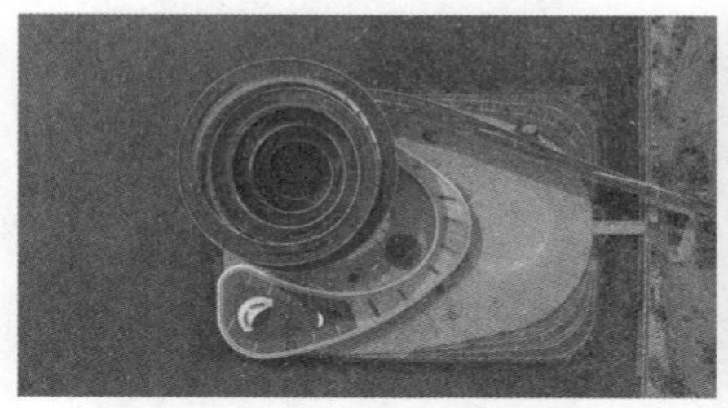

图 4-43 暗调调色效果展示

扫码看效果

扫码看视频

下面介绍在剪映App中进行暗调调色的具体操作方法。

▷▷ 步骤1 在剪映App中导入一个视频素材，打开剪辑二级工具栏，找到并点击“滤镜”按钮，如图4-44所示。

▷▷ 步骤2 进入“滤镜”编辑界面后，滑动滤镜预设菜单，找到并选择“落叶棕”预设，如图4-45所示。

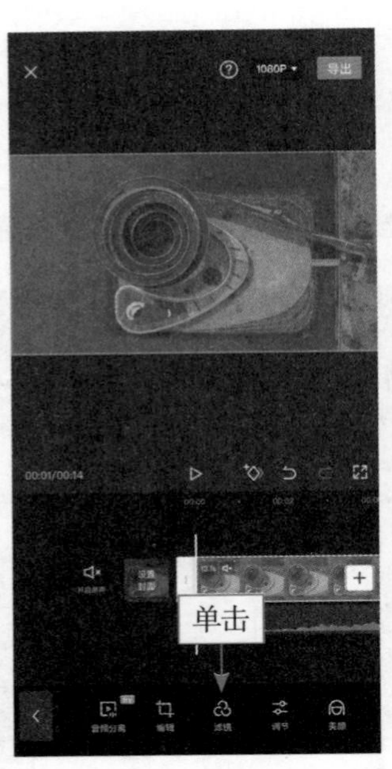

图4-44 点击“滤镜”按钮

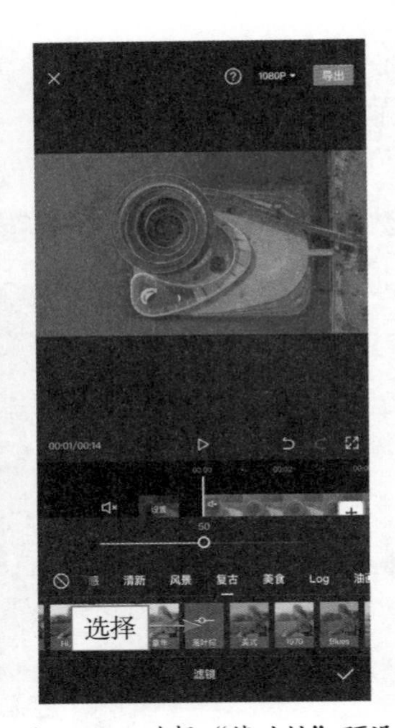

图4-45 选择“落叶棕”预设

▷▷ 步骤3 执行操作后，返回二级工具栏，点击“新增调节”按钮，如图4-46所示。

▷▷ 步骤4 进入“调节”编辑界面后，❶选择“亮度”选项；❷向左拖动滑块，将参数调节至-10，起到压暗画面的效果，如图4-47所示。

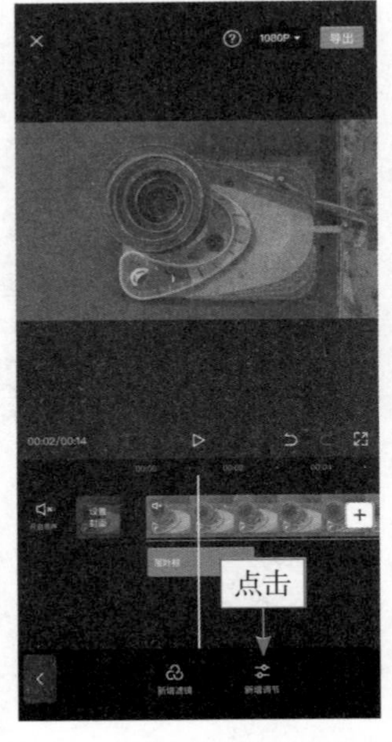

图4-46 点击“新增调节”按钮

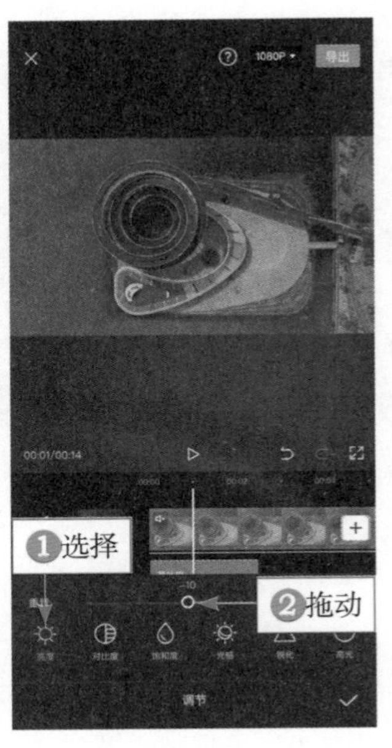

图4-47 调节“亮度”参数

▶▷ 步骤 5　❶选择"对比度"选项；❷向右拖动滑块，将参数调节至 25，加深画面的反差，如图 4–48 所示。

▶▷ 步骤 6　❶选择"饱和度"选项；❷向右拖动滑块，将参数调节至 20，丰富画面的生动度，如图 4–49 所示。

图 4–48　调节"对比度"参数

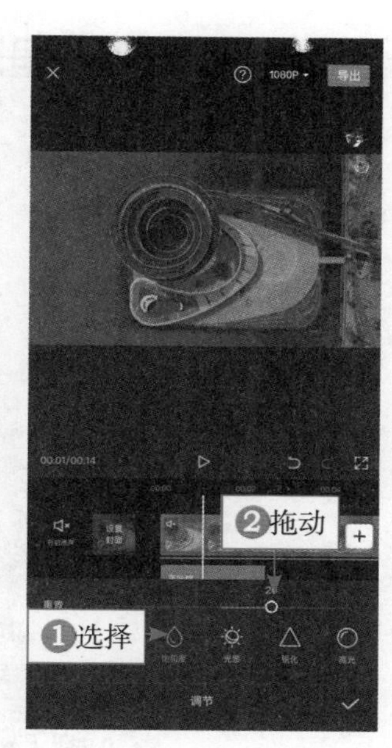

图 4–49　调节"饱和度"参数

▶▷ 步骤 7　❶选择"锐化"选项；❷向右拖动白色圆环滑块，将参数调节至 15，如图 4–50 所示。

▶▷ 步骤 8　❶选择"色温"选项；❷向右拖动滑块，将参数调节至 15，点击右下方的✓按钮，应用调节效果，如图 4–51 所示。

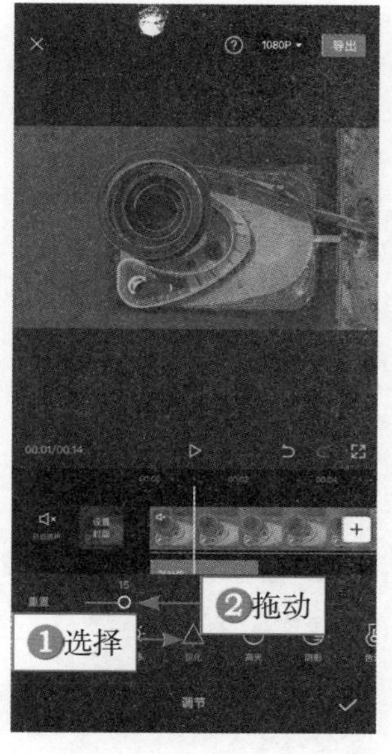

图 4–50　调节"锐化"参数

图 4–51　调节"色温"参数

4.6 海水调色：呈现清澈通透的画面

【效果展示】：海水是很多用户喜欢拍摄的一类短视频主题，想要有清澈通透的效果就需要借助后期的调色，效果如图 4-52 所示。

图 4-52 海水调色效果展示

扫码看效果

扫码看视频

下面介绍使用剪映 App 调出清澈通透海水视频的具体操作方法。

步骤 1 在剪映 App 中导入一个视频素材，打开剪辑二级工具栏，找到并点击“滤镜”按钮，如图 4-53 所示。

步骤 2 进入“滤镜”编辑界面后，选择“晴空”选项，如图 4-54 所示。

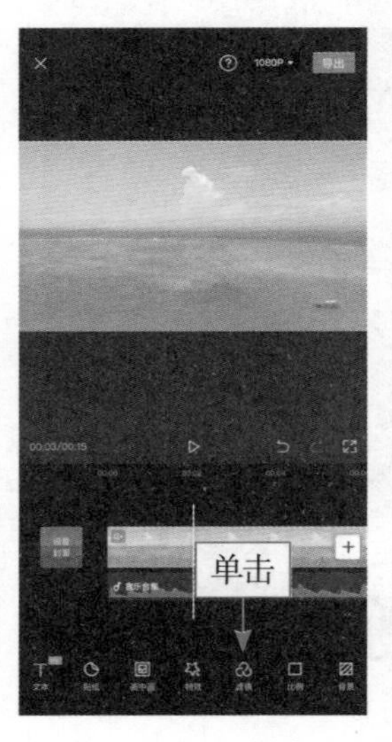

图 4-53 点击“滤镜”按钮

图 4-54 选择“晴空”选项

▶▷ 步骤 3 点击✓按钮，即可添加滤镜，点击“新增调节”按钮，如图 4-55 所示。

▶▷ 步骤 4 进入“调节”编辑界面后，❶选择“亮度”选项；❷向左拖动滑块，将参数调节至 -20，如图 4-56 所示。

图 4-55 点击“新增调节”按钮

图 4-56 调节“亮度”参数

▶▷ 步骤 5 执行操作后，❶选择“对比度”选项；❷向右拖动滑块，将参数调节至 15，如图 4-57 所示。

▶▷ 步骤 6 ❶选择“饱和度”选项；❷向右拖动滑块，将参数调节至 5，如图 4-58 所示。

图 4-57 调节“对比度”参数

图 4-58 调节“饱和度”参数

▶▷ 步骤 7　❶选择“锐化”选项；❷向右拖动滑块，将参数调节至15，如图4-59所示。

▶▷ 步骤 8　调节好后，❶切换至“色温”选项；❷向左拖动滑块，将参数调节至 -10，点击右下方的✓按钮，应用调节效果，如图 4-60 所示。

图 4-59　调节“锐化”参数　图 4-60　调节“色温”参数

4.7　夕阳调色：调出唯美浪漫的效果

【效果展示】：在剪映中对夕阳短视频进行调色，可以调出一种唯美浪漫的视频效果，如图 4-61 所示。

图 4-61　夕阳调色效果展示

扫码看效果

扫码看视频

下面介绍使用剪映 App 进行夕阳调色的具体操作方法。

▶▷ 步骤 1　在剪映 App 中导入需要调色的日落素材，进入“调节”编辑界面，❶选择“亮度”；❷向右拖动滑块，将其参数调至 15，如图 4-62 所示。

▶▷ 步骤 2　❶选择“对比度”选项；❷向右拖动滑块，将其参数调至 15，如图 4-63 所示。

图 4-62　调节“亮度”参数　图 4-63　调节“对比度”参数

▶▷ 步骤 3　❶选择“饱和度”选项；❷向右拖动滑块，将其参数调至 20，如图 4-64 所示。

▶▷ 步骤 4　❶选择“光感”选项；❷向左拖动白色圆环滑块，将其参数调至 -10，如图 4-65 所示。

图 4-64　调节“饱和度”参数

图 4-65　调节“光感”参数

▶▷ 步骤 5 ❶选择“锐化”选项；❷拖动滑块，将其参数调至 6，如图 4-66 所示。

▶▷ 步骤 6 ❶选择“高光”选项；❷拖动滑块，将其参数调至 -12，如图 4-67 所示。

图 4-66 调节“锐化”参数

图 4-67 调节“高光”参数

▶▷ 步骤 7 ❶选择“色温”选项；❷拖动滑块，将其参数调至 -6，如图 4-68 所示。

▶▷ 步骤 8 ❶选择“色调”选项；❷拖动滑块，将其参数调至 6，点击右下方的✓按钮，应用调节效果，如图 4-69 所示。

图 4-68 调节“色温”参数

图 4-69 调节“色调”参数

4.8　风光调色：让废片也能起死回生

【效果展示】：风景视频也是用户比较喜欢拍摄的一类视频，但拍摄时不一定能遇到较好的自然条件，此时可以通过剪映解决这类问题，效果如图 4-70 所示。

图 4-70　风光调色效果展示

扫码看效果

扫码看视频

下面介绍使用剪映 App 进行风光调色的具体操作方法。

▶▷ 步骤 1　在剪映 App 中导入一个素材，点击底部的“调节”按钮，如图 4-71 所示。

▶▷ 步骤 2　进入“调节”编辑界面，❶选择“亮度”选项；❷向右拖动白色圆环滑块，调整参数至 15，如图 4-72 所示。

图 4-71　点击“调节”按钮

图 4-72　调整“亮度”参数

▶▷ 步骤 3　❶选择“对比度”选项；❷向左拖动白色圆环滑块，调整参数至 −15，如图 4−73 所示。

▶▷ 步骤 4　❶选择“饱和度”选项；❷向右拖动白色圆环滑块，调整参数至 25，如图 4−74 所示。

图 4−73　调整“对比度”参数

图 4−74　调整“饱和度”参数

▶▷ 步骤 5　❶选择“光感”选项；❷拖动滑块，将参数调至 −10，如图 4−75 所示。

▶▷ 步骤 6　❶选择“锐化”选项；❷拖动滑块，将参数调至 15，如图 4−76 所示。

图 4−75　调整“光感”参数

图 4−76　调整“锐化”参数

▶▷ 步骤 7　❶选择“高光”选项；❷拖动滑块，将参数调整为 −10，如图 4−77 所示。

▶▷ 步骤 8　❶“阴影”选项；❷拖动滑块，将参数调整为 12，如图 4−78 所示。

图 4−77　调整“高光”参数

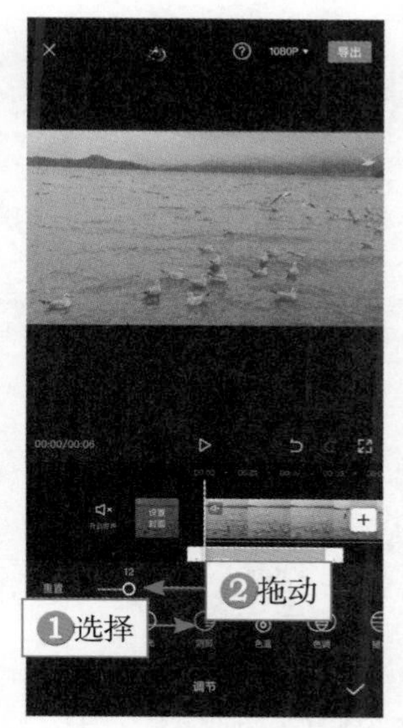

图 4−78　调整“阴影”参数

▶▷ 步骤 9　❶选择“色温”选项；❷拖动滑块，将参数调整为 −10，如图 4−79 所示。

▶▷ 步骤 10　❶选择“色调”选项；❷拖动滑块，将参数调整为 12，点击右下方的✓按钮，应用调节效果，如图 4−80 所示。

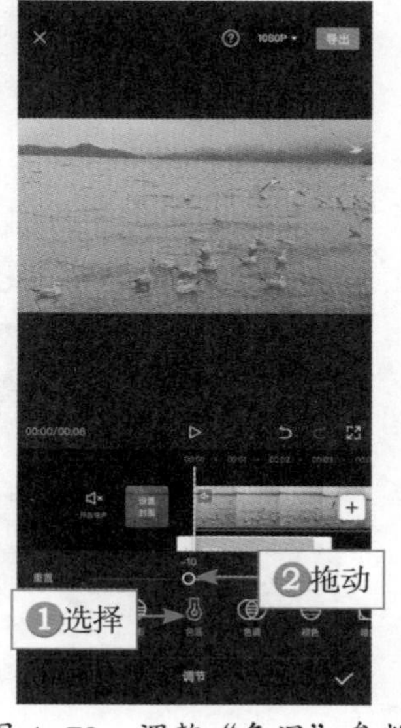

图 4−79　调整“色温”参数

图 4−80　调整“色调”参数

4.9 渐变调色：色彩渐变的明显对比

【效果展示】：色彩渐变是指画面从没有色彩逐渐出现色彩的一种视频效果，如图 4–81 所示。

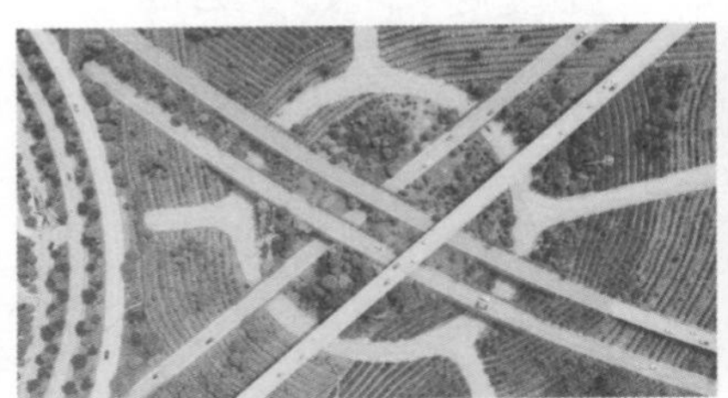
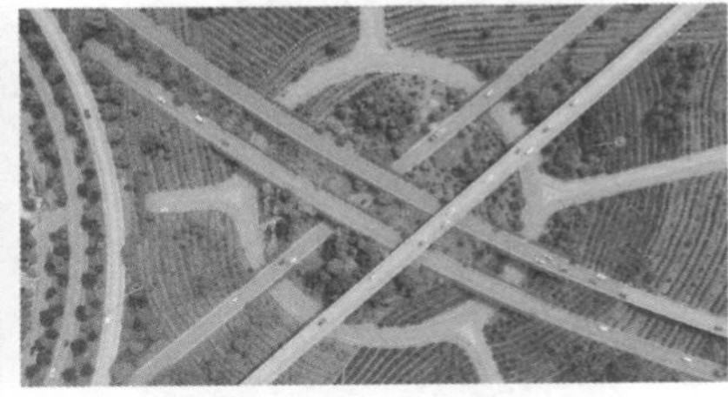

图 4–81 渐变调色效果展示

扫码看效果

扫码看视频

下面介绍使用剪映 App 进行渐变调色的具体操作方法。

▶▷ 步骤 1 在剪映 App 中导入素材，❶选择视频素材；❷拖动时间轴至其中间位置；❸点击◇按钮，如图 4–82 所示。

▶▷ 步骤 2 生成 1 个关键帧，点击"滤镜"按钮，如图 4–83 所示。

图 4–82 点击相应按钮

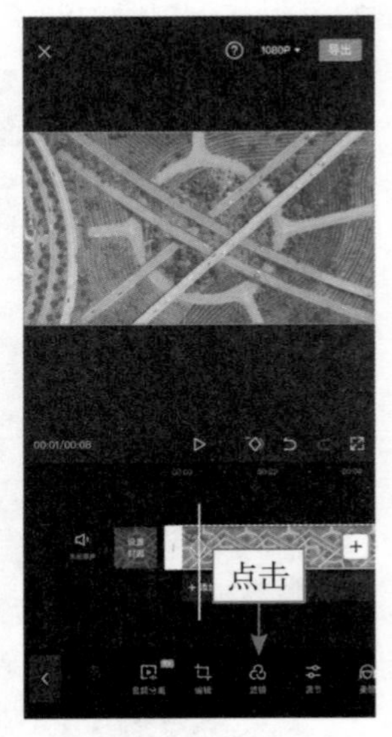

图 4–83 点击"滤镜"按钮

▶▷ 步骤 3　进入“滤镜”界面，在“风格化”选项卡中选择“褪色”滤镜，如图 4–84 所示。

▶▷ 步骤 4　点击✓按钮返回，❶拖动时间轴至视频轨道的合适位置；❷再次点击“滤镜”按钮，如图 4–85 所示。

图 4–84　选择“褪色”滤镜

图 4–85　点击“滤镜”按钮

▶▷ 步骤 5　向左拖动“滤镜”界面上方的滑块，将滤镜的应用程度参数调至 0，如图 4–86 所示。

▶▷ 步骤 6　点击✓按钮返回，自动生成 1 个关键帧，如图 4–87 所示。

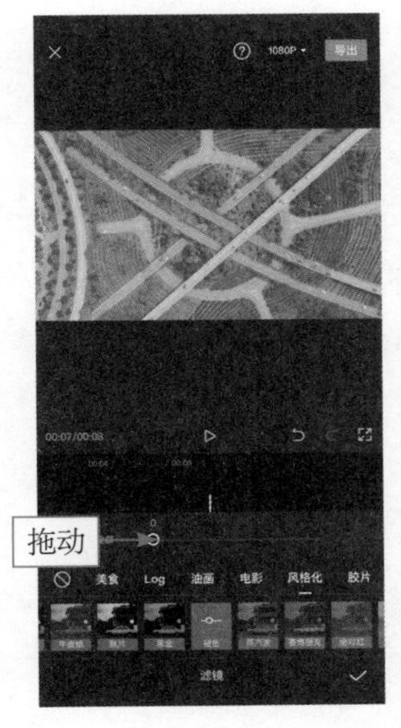

图 4–86　调整滤镜的应用程度参数

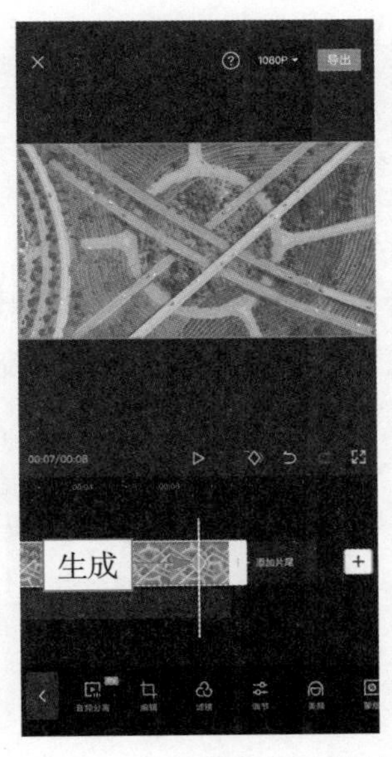

图 4–87　自动生成关键帧

第5章 特效盛宴展现技巧

一个火爆的短视频依靠的不仅仅是拍摄和剪辑，适当地添加一些特效能为短视频增添意想不到的效果。本章主要介绍剪映 App 中自带的一些特效及一些简单的特效制作方法。

5.1 基础特效：热门特效一网打尽

在剪映 App 中导入一个视频素材，点击一级工具栏中的“特效”按钮，如图 5-1 所示。执行操作后，进入“特效”编辑界面，在“基础”选项卡里面有镜像、开幕、开幕Ⅱ、变清晰、模糊、镜头变焦及轻微抖动等预设特效，如图 5-2 所示。

图 5-1 点击“特效”按钮

图 5-2 “基础”选项卡中的预设

例如，选择“模糊开幕”特效，即可在预览区域看到画面从模糊逐渐变清晰的视频效果，如图 5-3 所示。再如，选择“相机网格”特效，即可在预览区域看到模拟手机拍摄视频的效果，如图 5-4 所示。

图 5-3 选择“模糊开幕”特效

图 5-4 选择“相机网格”特效

用户也可以切换至“氛围”选项卡，其中有金粉、金粉Ⅱ、金粉聚拢、发光、彩色闪粉、星火炸开、星月童话及金粉洒落等预设特效，如图 5-5 所示。例如选择

“烟雾”特效，即可在预览区域看到白色烟雾飘动的视频效果，如图 5-6 所示。

图 5-5　切换至“氛围”选项卡　　图 5-6　选择“烟雾”特效

切换至 Bling 选项卡，其中有复古碎钻、星辰Ⅰ、星辰Ⅱ、星辰Ⅲ、闪闪、色差星闪、星光闪耀及撒星星等预设特效，如图 5-7 所示。例如选择“美式 V”特效，即可在预览区域看到模拟投影仪投影的视频效果，如图 5-8 所示。

图 5-7　切换至 Bling 选项卡　　图 5-8　选择“美式 V”特效

切换至“动感”选项卡，其中有冲击波、彩色火焰、炫彩Ⅱ、白色描边、水波纹、幻术摇摆、霓虹摇摆及 RGB 描边等预设特效，如图 5-9 所示。例如选择“文字闪动”特效，即可在预览区域看到镂空的文字边抖动边变化色彩的视频效果，如图 5-10 所示。

图 5-9　切换至“动感”选项卡

图 5-10　选择“文字闪动”特效

5.2　氛围特效：增强短视频的氛围

【效果展示】：氛围特效是剪映 App 中最常用的特效之一，多用于人物素材，能够快速增加氛围感，效果如图 5-11 所示。

扫码看效果

扫码看视频

图 5-11　氛围特效效果展示

下面介绍在剪映 App 中添加氛围特效的操作方法。

步骤 1 在剪映 App 中导入素材，添加合适的音乐，如图 5-12 所示。

步骤 2 将素材调整至契合音乐鼓点的长度，如图 5-13 所示。

> **>> 专家提醒**
>
> 如果不知道怎么添加音乐，怎么为音频素材添加黄色的节拍点，可以翻到本书第 6 章，里面详细介绍了添加背景音乐、添加音效及添加黄色节拍点的相关操作。

图 5-12 添加素材和音乐

图 5-13 调整素材长度

步骤 3 点击“特效”按钮，进入“特效”界面后，切换至“氛围”特效选项卡，如图 5-14 所示。

步骤 4 执行操作后，选择“关月亮”特效，在预览区域可以看到画面效果，如图 5-15 所示。

图 5-14 切换至“氛围”选项卡

图 5-15 选择“关月亮”特效

步骤 5 点击右上角的✓按钮确认，添加特效，拖动特效轨道右侧的白色拉杆，调整特效时长，使其与第 1 段视频时长保持一致，如图 5-16 所示。

步骤 6 用与上相同的方法，❶选择“氛围”选项卡中的“星火炸开”

特效；②为后面 3 段视频添加特效，如图 5-17 所示。执行操作后，即可导出视频查看。

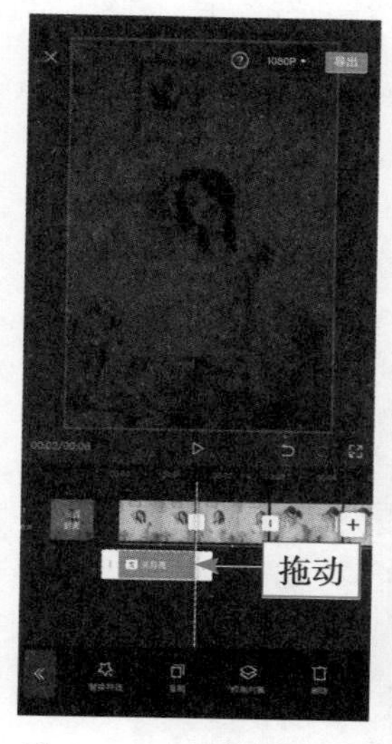

图 5-16　调整特效时长

图 5-17　添加多个“星火炸开”特效

5.3　动感特效：让画面变得更酷炫

【效果展示】：剪映 App 中的动感特效可以配合音乐打造出十分酷炫的视频，其中的特效多为一些摇晃感强烈的特效，效果如图 5-18 所示。

扫码看效果

扫码看视频

图 5-18　动感特效效果展示

下面介绍在剪映 App 中添加动感特效的操作方法。

▶▷ 步骤 1　在剪映 App 中导入素材，点击“特效”按钮，如图 5-19 所示。

▶▷ 步骤 2　进入“特效”界面后，切换至“动感”特效选项卡，如图 5-20 所示。

图 5-19　点击“特效”按钮

图 5-20　切换“动感”选项卡

▶▷ 步骤 3　执行操作后，选择“霓虹摇摆”特效，在预览区域可以看到画面效果，如图 5-21 所示。

▶▷ 步骤 4　点击右上角的✓按钮确认，添加特效，拖动特效轨道右侧的白色拉杆，调整特效时长，使其与视频时长保持一致，如图 5-22 所示。

图 5-21　选择“霓虹摇摆”特效

图 5-22　调整特效时长

▶▷ 步骤 5　点击《按钮返回，❶选择第 1 段视频素材；❷依次点击"动画"按钮和"入场动画"按钮，如图 5-23 所示。

▶▷ 步骤 6　❶在入场动画选项卡中选择"向右下甩入"动画效果；❷拖动白色圆环滑块，调整"动画时长"为 1.0s；❸给后一段视频添加同样的动画，如图 5-24 所示。点击右上角的"导出"按钮，即可导出视频查看。

图 5-23　点击"动画"按钮

图 5-24　添加"向右下甩入"动画

5.4　光影特效：制作逼真光线效果

【效果展示】：剪映 App 中的光影特效能够为视频添加一些自然光效，例如彩虹光、树影、夕阳及水波纹投影等，效果如图 5-25 所示。

图 5-25　光影特效效果展示

扫码看效果

扫码看视频

下面介绍在剪映 App 中添加光影特效的操作方法。

步骤 1 ❶在剪映 App 中导入素材；❷添加合适的音乐，如图 5-26 所示。

步骤 2 将素材调整至契合音乐鼓点的长度，如图 5-27 所示。

图 5-26 导入素材并添加音乐

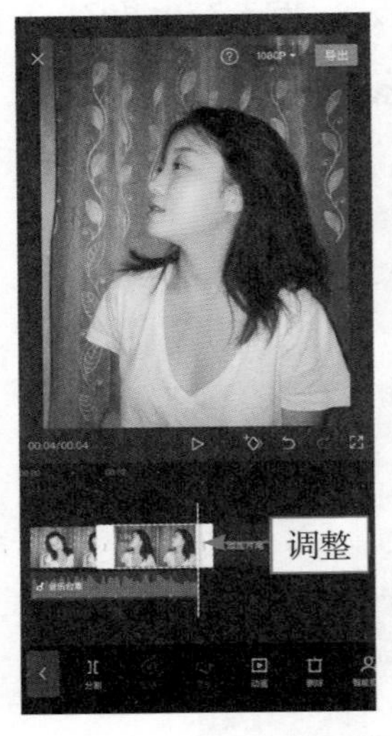

图 5-27 调整素材时长

步骤 3 点击“特效”按钮，进入“特效”界面后，切换至“光影”特效选项卡，如图 5-28 所示。

步骤 4 执行操作后，选择“夕阳Ⅱ”特效，在预览区域可以看到画面效果，如图 5-29 所示。

图 5-28 切换至“光影”选项卡 图 5-29 选择“夕阳Ⅱ”特效

步骤 5 点击右上角的✓按钮确认，添加特效，拖动特效轨道右侧的白色拉杆，调整特效时长为 1s，如图 5-30 所示。

步骤 6 用同样的方法为后面的视频依次添加“光影”选项卡中的

彩虹光Ⅱ、树影、窗格光、钻光及丁达尔光线特效，如图 5-31 所示。点击右上角“导出”按钮，即可导出视频查看。

图 5-30　调整特效时长

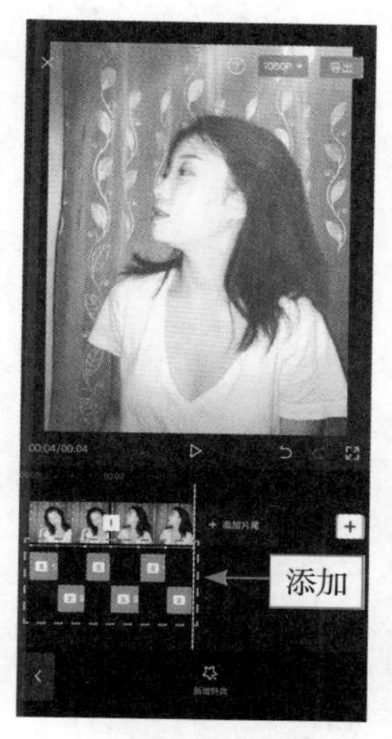

图 5-31　添加其他光影特效

5.5　纹理特效：模拟艺术画面效果

【效果展示】：剪映 App 中的纹理特效能够模拟一些事物的纹理，例如纸张、画布及照片等，将这些效果添加在素材上能够增加视频的艺术效果，效果如图 5-32 所示。

图 5-32　纹理特效效果展示

扫码看效果

扫码看视频

下面介绍在剪映 App 中使用纹理特效的操作方法。

▶▷ 步骤 1 在剪映 App 中导入素材，点击“特效”按钮，如图 5-33 所示。

▶▷ 步骤 2 进入“特效”界面后，切换至“纹理”特效选项卡，如图 5-34 所示。

图 5-33 点击“特效”按钮

图 5-34 切换至“纹理”选项卡

▶▷ 步骤 3 执行操作后，选择“折痕Ⅳ”特效，在预览区域可以看到画面效果，如图 5-35 所示。

▶▷ 步骤 4 点击右上角的✓按钮确认，添加特效，拖动特效轨道，使其位于视频的后半段，如图 5-36 所示。

图 5-35 选择“折痕Ⅳ”特效

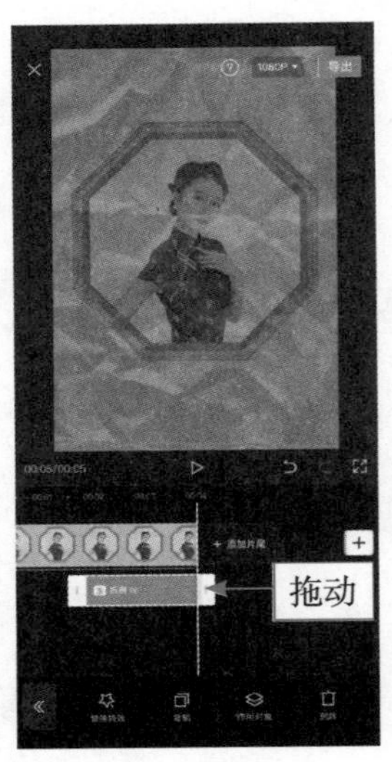

图 5-36 调整特效位置

步骤 5　点击《按钮返回，❶选择视频素材；❷点击“分割”按钮分割视频，如图 5-37 所示。

步骤 6　点击两个视频素材之间的 ▏按钮，如图 5-38 所示。

图 5-37　分割视频

图 5-38　点击相应按钮

步骤 7　选择“特效转场”中的“快门”转场，如图 5-39 所示。

步骤 8　向右拖动“转场”界面下方的白色圆环滑块，设置时长为 0.7s，如图 5-40 所示。点击右上角的“导出”按钮，即可导出视频查看。

图 5-39　选择“快门”转场

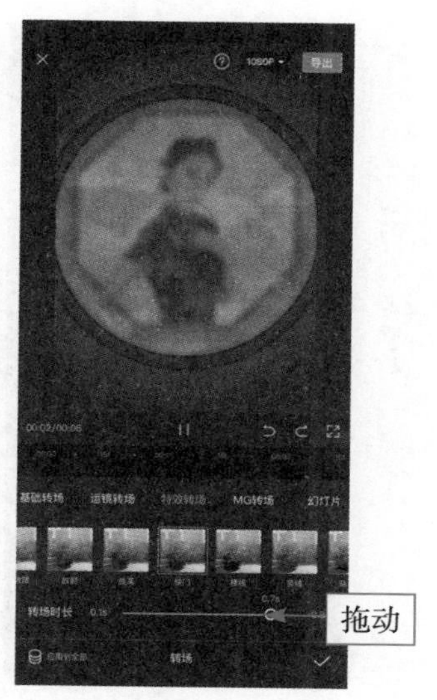

图 5-40　调整转场时长

5.6 复古特效：增强画面的怀旧感

【效果展示】：剪映 App 中的复古特效可以模仿一些录像带、DV、胶片及老电影等复古画质，使用复古特效能为视频增添一丝怀旧感，效果如图 5-41 所示。

图 5-41 复古特效效果展示

扫码看效果

扫码看视频

下面介绍在剪映 App 中使用复古特效的具体操作方法。

步骤 1 在剪映 App 中导入素材，点击“特效”按钮，如图 5-42 所示。

步骤 2 进入“特效”界面后，切换至“复古”特效选项卡，如图 5-43 所示。

图 5-42 点击“特效”按钮

图 5-43 切换至“复古”选项卡

▷▷ 步骤3 执行操作后，选择“DV录制框”特效，在预览区域可以看到画面效果，如图5-44所示。

▷▷ 步骤4 点击右上角的✓按钮确认，添加特效，拖动特效轨道右侧的白色拉杆，调整特效时长，使其与视频时长保持一致，如图5-45所示。

图5-44 选择“DV录制框”特效 图5-45 调整特效时长

▷▷ 步骤5 点击《按钮返回，❶选择第1段视频素材；❷依次点击“动画”按钮和“组合动画”按钮，如图5-46所示。

▷▷ 步骤6 ❶在组合动画选项卡中选择“旋转降落”动画效果；❷拖动白色圆环滑块，调整动画时长为最长，给后面的视频添加同样的动画效果，如图5-47所示。

图5-46 点击“动画”按钮

图5-47 调整动画时长

5.7 漫画特效：一秒打造动漫视频

【效果展示】：剪映 App 中的漫画特效能模拟一些漫画效果，例如漫画分镜和冲击波等，而一级工具栏中的玩法中也能为视频添加漫画效果，效果如图 5-48 所示。

扫码看效果

扫码看视频

图 5-48　漫画特效效果展示

下面介绍在剪映 App 中制作漫画人物效果的操作方法。

步骤 1　在剪映 App 中导入素材，点击“特效”按钮，如图 5-49 所示。

步骤 2　进入“特效”界面后，切换至“漫画”特效选项卡，如图 5-50 所示。

图 5-49　点击“特效”按钮

图 5-50　切换至“漫画”选项卡

▶▷ 步骤 3　执行操作后，选择“三格漫画”特效，在预览区域可以看到画面效果，如图 5-51 所示。

▶▷ 步骤 4　点击右上角的 ✓ 按钮确认，添加特效，拖动特效轨道右侧的白色拉杆，调整特效时长，使其与视频时长保持一致，如图 5-52 所示。

图 5-51　选择“三格漫画”特效

图 5-52　调整特效时长

▶▷ 步骤 5　选择第 1 段视频，点击剪辑菜单中的“玩法”按钮，如图 5-53 所示。

▶▷ 步骤 6　❶选择“日漫”效果；❷执行操作后即可显示漫画生成效果的进度，如图 5-54 所示。

图 5-53　点击“玩法”按钮

图 5-54　选择“日漫”效果

▶▷ 步骤 7 执行操作后，即可将后面的视频变成漫画效果，如图 5-55 所示。

▶▷ 步骤 8 点击两段视频之间的转场按钮 ▯，如图 5-56 所示。

图 5-55 生成漫画效果

图 5-56 点击转场按钮

▶▷ 步骤 9 进入“转场”界面，选择“基础转场”效果中的“左移”选项，如图 5-57 所示。

▶▷ 步骤 10 点击右下角的 ✓ 按钮确认，①即可添加转场效果，此时转场图标变成了 ⋈ 形态；②为后面的视频添加转场效果，如图 5-58 所示。点击右上角的“导出”按钮，导出并播放预览视频。

图 5-57 选择“左移”选项

图 5-58 添加转场效果

5.8 分屏特效：制作多屏展示效果

【效果展示】：用户在抖音上经常可以看到三屏或者多屏视频，用剪映 App 中的分屏特效能够非常方便地制作出多屏特效视频，效果如图 5-59 所示。

扫码看效果

扫码看视频

图 5-59 分屏特效效果展示

下面介绍在剪映 App 中制作分屏视频的操作方法。

步骤 1 在剪映 App 中导入素材，点击“特效”按钮，如图 5-60 所示。

步骤 2 进入“特效”界面后，切换至“分屏”特效选项卡，如图 5-61 所示。

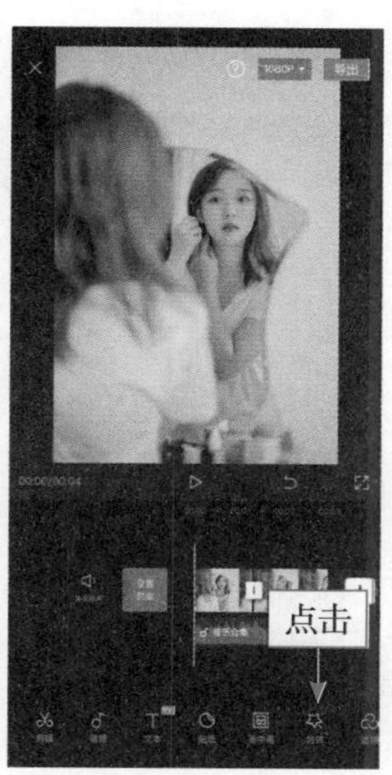

图 5-60 点击“特效”按钮 图 5-61 切换“分屏”选项卡

步骤 3 执行操作后，选择“黑白三格”特效，在预览区域可以看到画面效果，如图 5-62 所示。

▶▷ 步骤 4 点击✓按钮确认，添加特效，拖动特效轨道右侧的白色拉杆，调整特效时长，使其与视频时长保持一致，如图 5-63 所示。

图 5-62 选择"黑白三格"特效

图 5-63 调整特效时长

▶▷ 步骤 5 点击《按钮返回，点击"新增特效"按钮，如图 5-64 所示。

▶▷ 步骤 6 ❶在"氛围"特效选项卡中选择"星火炸开"特效；❷添加两个与素材同长的特效，如图 5-65 所示。点击右上角的"导出"按钮，即可导出视频查看。

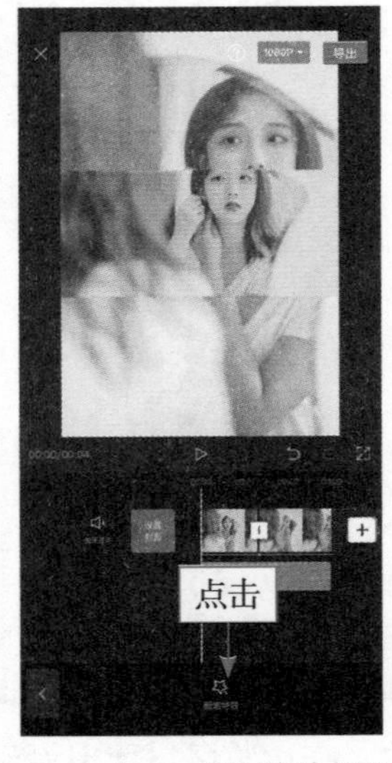

图 5-64 点击"新增特效"按钮

图 5-65 添加"星火炸开"特效

5.9　自然特效：模拟自然天气效果

【效果展示】：剪映 App 中的自然特效能够模拟一些大自然中的自然现象，如下雪、水滴、花瓣及落叶等，效果如图 5-66 所示。

图 5-66　自然特效效果展示

扫码看效果

扫码看视频

下面介绍在剪映 App 中添加自然特效的具体操作方法。

▶▷ 步骤 1　在剪映 App 中导入素材，点击“特效”按钮，如图 5-67 所示。

▶▷ 步骤 2　进入“特效”界面后，切换至“自然”特效选项卡，如图 5-68 所示。

图 5-67　点击“特效”按钮

图 5-68　切换至“自然”选项卡

▷▷ 步骤 3 执行操作后，选择“大雪纷飞”特效，在预览区域可以看到画面效果，如图 5-69 所示。

▷▷ 步骤 4 点击右上角的✓按钮确认，添加特效，拖动特效轨道右侧的白色拉杆，调整特效时长，使其与视频时长保持一致，如图 5-70 所示。

图 5-69 选择“大雪纷飞”特效

图 5-70 调整特效时长

▷▷ 步骤 5 进入“滤镜”界面，选择“灰调”滤镜，如图 5-71 所示。

▷▷ 步骤 6 点击右下角的✓按钮确认，点击“新增调节”按钮，如图 5-72 所示。

图 5-71 选择“灰调”滤镜

图 5-72 点击“新增调节”按钮

▷▷ 步骤 7　进入调节界面后，❶选择“亮度”选项；❷向左拖动滑块，将参数调节至 -10，如图 5-73 所示。

▷▷ 步骤 8　执行操作后，❶选择“对比度”选项；❷向左拖动滑块，将对比度的参数调节至 -5，如图 5-74 所示。

图 5-73　设置“亮度”参数

图 5-74　设置“对比度”参数

▷▷ 步骤 9　执行操作后，❶选择“饱和度”选项；❷向右拖动滑块，将饱和度的参数调节至 10，如图 5-75 所示。

▷▷ 步骤 10　执行操作后，❶选择“光感”选项；❷向左拖动滑块，将饱和度的参数调节至 -10，如图 5-76 所示。

图 5-75　设置“饱和度”参数　图 5-76　设置“光感”参数

▷▷ 步骤 11　执行操作后，❶选择“高光”选项；❷向右拖动滑块，将高光的参数调节至 10，如图 5-77 所示。

▶▷ 步骤 12 执行操作后，❶选择“色温”选项；❷向左拖动滑块，将色温的参数调节至 -15，如图 5-78 所示。点击右上角的“导出”按钮，即可导出视频查看。

图 5-77　设置“高光”参数

图 5-78　设置“色温”参数

5.10　边框特效：给视频画面加边框

【效果展示】：在剪映 App 中，边框特效可以为视频添加一些富有趣味的边框，例如录制边框、电视边框、相纸边框及胶片边框等，效果如图 5-79 所示。

图 5-79　边框特效效果展示

扫码看效果

扫码看视频

下面介绍在剪映 App 中添加边框特效的具体操作方法。

▶▷ 步骤 1　在剪映 App 中导入素材，点击“特效”按钮，如图 5-80 所示。

▶▷ 步骤 2　进入“特效”界面后，切换至“边框”特效选项卡，如图 5-81 所示。

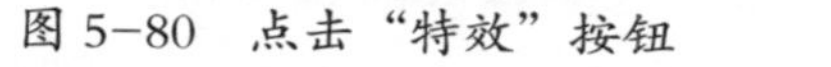
图 5-80　点击“特效”按钮　　图 5-81　切换至“边框”选项卡

▶▷ 步骤 3　执行操作后，选择“相纸”特效，在预览区域可以看到画面效果，如图 5-82 所示。

▶▷ 步骤 4　点击右上角的✓按钮确认，添加特效，拖动特效轨道右侧的白色拉杆，调整特效时长，使其与第 1 段视频时长保持一致，如图 5-83 所示。

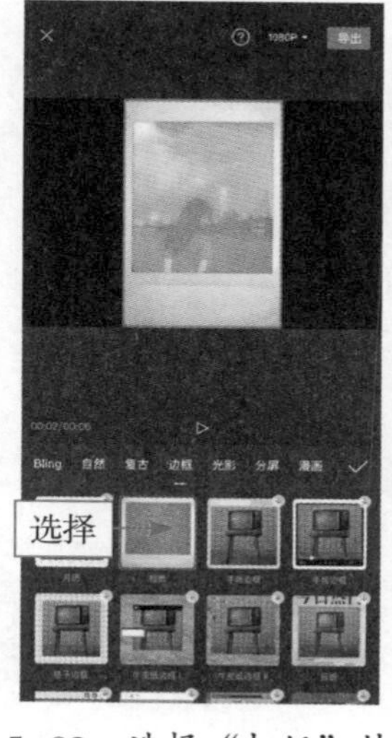

图 5-82　选择“相纸”特效

图 5-83　调整特效时长

▶▷ 步骤 5　点击《按钮返回，点击“新增特效”按钮，如图 5-84 所示。

▶▷ 步骤 6　给第 2 段视频添加同样的特效，如图 5-85 所示。

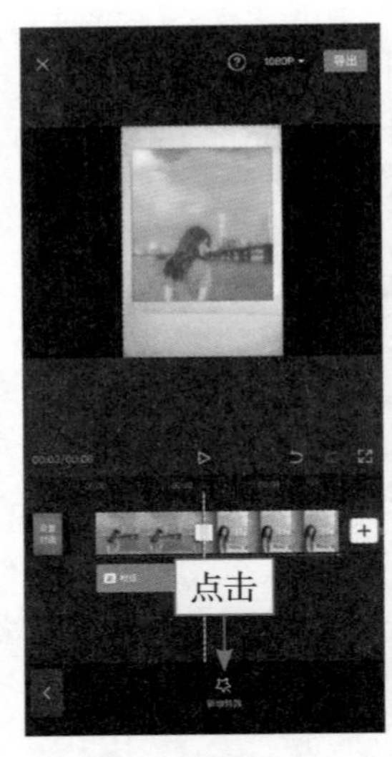

图 5-84　点击“新增特效”按钮

图 5-85　添加同样特效

▶▷ 步骤 7　点击《按钮返回，点击“文本”按钮，如图 5-86 所示。

▶▷ 步骤 8　执行操作后，根据背景音乐为视频添加匹配的歌词，如图 5-87 所示。

图 5-86　点击“文本”按钮

图 5-87　添加歌词

▶▷ 步骤 9　❶添加歌词后，调整歌词的大小及在视频的位置；❷调整歌词长度，使其与第 1 段视频长度一样；❸点击“样式”按钮，如图 5-88 所示。

▷▷ 步骤 10　进入样式界面后，在界面内设置歌词的字体、样式等，如图 5-89 所示。

图 5-88　调整歌词

图 5-89　设置字体样式

▷▷ 步骤 11　❶切换“动画”选项；❷选择“波浪弹入”动画；❸将动画时间拖动至最大，如图 5-90 所示。

▷▷ 步骤 12　为后一段视频添加同样模式的歌词，如图 5-91 所示。点击右上角的“导出”按钮，导出并播放预览视频。

图 5-90　选择“波浪弹入”动画

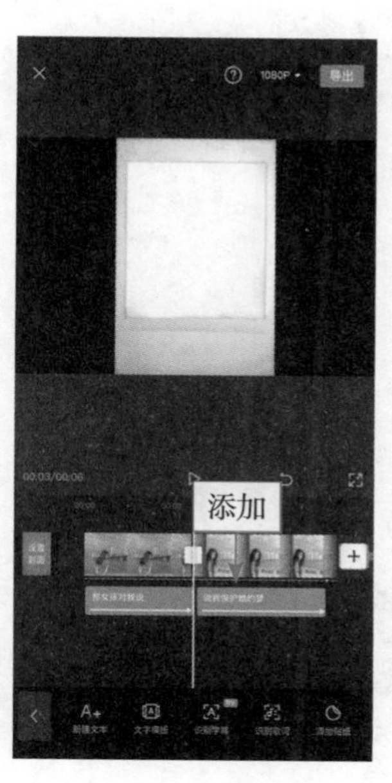

图 5-91　添加歌词

5.11 Bling 特效：漫天星光飘落效果

【效果展示】：在剪映 App 中，Bling 特效可以给视频添加一些闪光效果，这种特效能给视频增添少女感氛围，效果如图 5-92 所示。

图 5-92 Bling 特效效果展示

扫码看效果

扫码看视频

下面介绍在剪映 App 中使用 Bling 特效的具体操作方法。

步骤 1 在剪映 App 中导入素材，点击“特效”按钮，如图 5-93 所示。

步骤 2 进入“特效”界面后，切换至 Bling 特效选项卡，如图 5-94 所示。

图 5-93 点击“特效”按钮

图 5-94 切换至 Bling 特效选项卡

▷▷ 步骤 3 执行操作后，选择“撒星星Ⅱ”特效，在预览区域可以看到画面效果，如图 5-95 所示。

▷▷ 步骤 4 点击右上角的✓按钮确认，添加特效，拖动特效轨道右侧的白色拉杆，调整特效时长，使其与视频时长保持一致，如图 5-96 所示。

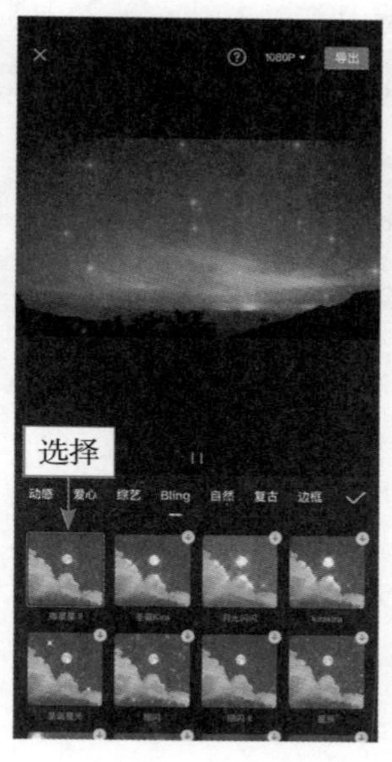

图 5-95 选择“撒星星Ⅱ”特效

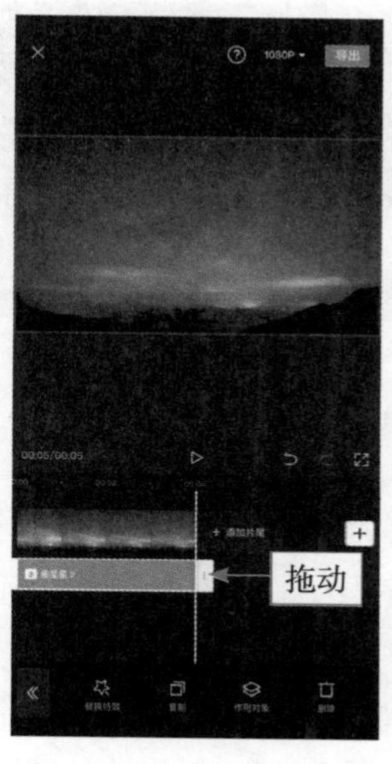

图 5-96 调整特效时长

▷▷ 步骤 5 点击《按钮返回，点击“新增特效”按钮，如图 5-97 所示。

▷▷ 步骤 6 在“Bling”选项卡中选择“星辰Ⅰ”特效，并调整时长与视频一致，如图 5-98 所示。点击右上角的“导出”按钮，即可导出视频查看。

图 5-97 点击“新增特效”按钮

图 5-98 添加特效

5.12 月亮剪影：人工合成月食现象

【效果展示】：在剪映 App 中使用蒙版和关键帧就能做出很自然的月食效果，效果如图 5-99 所示。

图 5-99 月食效果展示

扫码看效果

扫码看视频

下面介绍在剪映 App 中制作月食效果的具体操作方法。

▶▷ 步骤 1 在剪映 App 中导入素材，将素材调整到合适的大小，如图 5-100 所示。

▶▷ 步骤 2 点击“比例”按钮，选择 16:9 选项，如图 5-101 所示。

图 5-100 调整素材大小

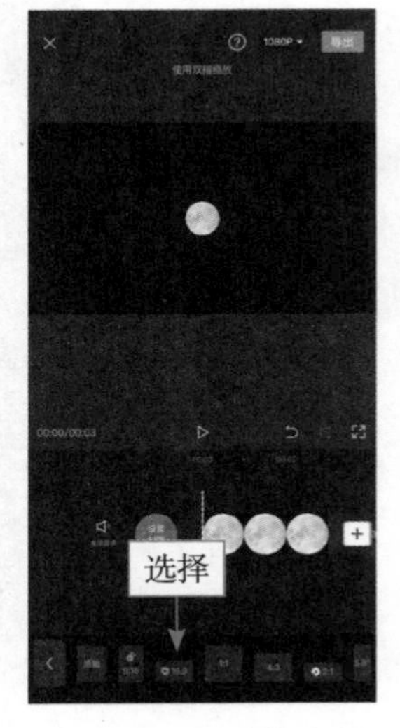

图 5-101 调整比例

▶▷ 步骤 3 ❶移动素材位置至画面左下角；❷拖动视频轨道右侧的白色拉杆，适当调整视频长度，如图 5-102 所示。

▶▷ 步骤 4 ❶拖动时间轴至视频起始位置；❷点击关键帧按钮，如图 5-103 所示。

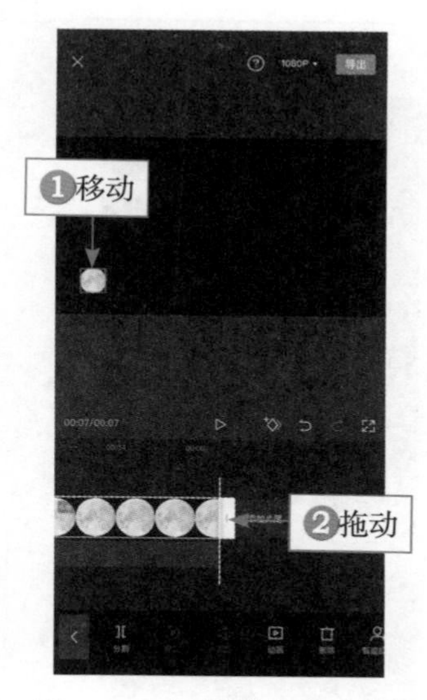

图 5-102 调整视频素材

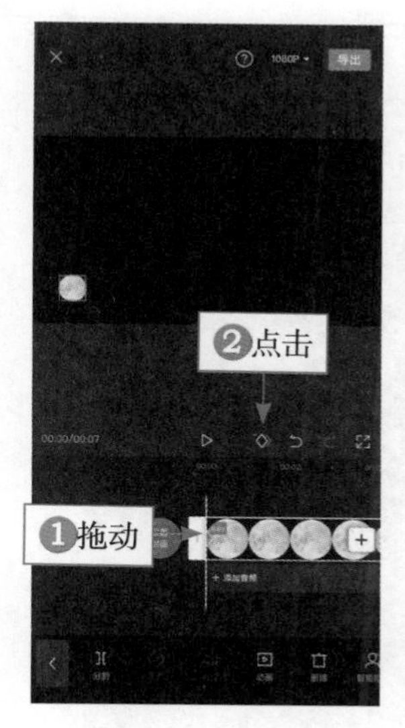

图 5-103 添加关键帧

▶▷ 步骤 5 点击“蒙版”按钮，选择“圆形”蒙版，如图 5-104 所示。

▶▷ 步骤 6 ❶点击左下角的“反转”按钮；❷将蒙版位置移至图案左上角，并调整到最小，如图 5-105 所示。

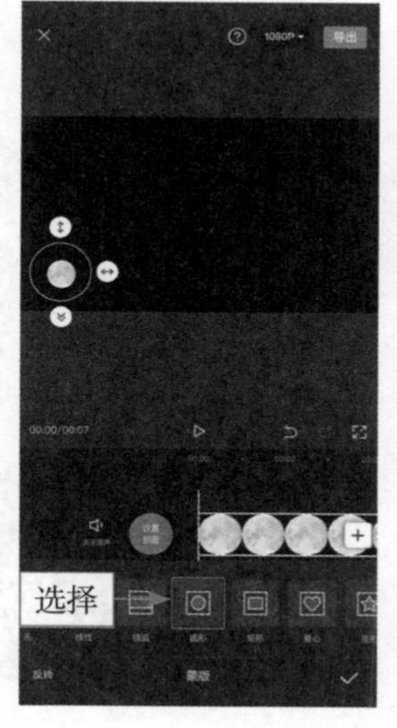

图 5-104 选择“圆形”蒙版

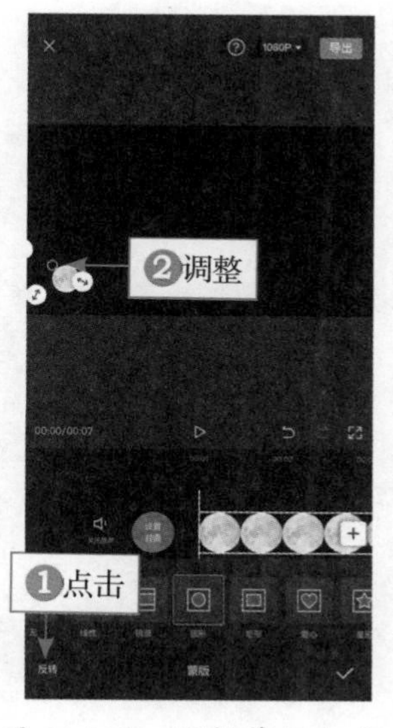

图 5-105 调整蒙版大小

步骤 7　点击右下角的 ✓ 按钮确认，❶并将时间轴拖动至视频末尾的位置；❷将素材移至画面右上角，如图 5–106 所示。

步骤 8　❶在“蒙版”界面中选择“圆形”蒙版；❷将蒙版调整到月亮只有一点点的位置，并调整羽化值，如图 5–107 所示。点击“导出”按钮，即可导出视频。

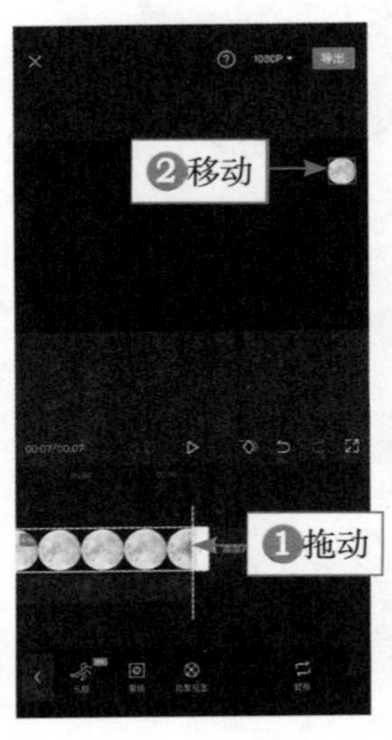

图 5–106　调整素材位置

图 5–107　调整蒙版大小

5.13　变暗模式：透明手机屏幕效果

【效果展示】：在剪映 App 中使用画中画和混合模式功能可以做出透明手机屏幕的效果，效果如图 5–108 所示。

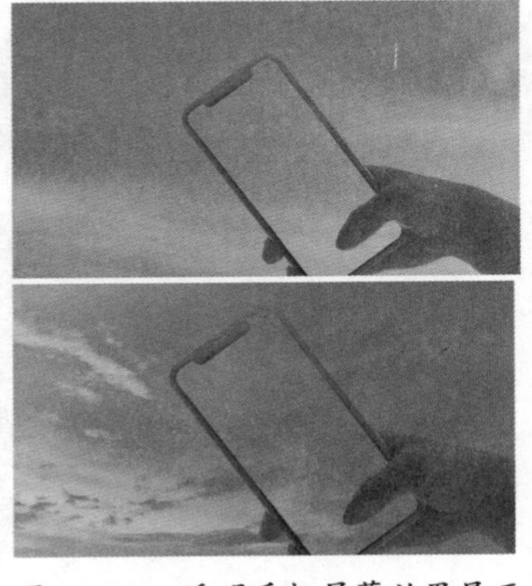

图 5–108　透明手机屏幕效果展示

扫码看效果

扫码看视频

下面介绍在剪映 App 中制作透明手机屏幕效果的具体操作方法。

步骤 1 ❶在剪映 App 中导入背景视频素材和手机屏幕视频素材；❷点击“画中画”按钮，如图 5-109 所示。

步骤 2 进入画中画编辑界面，选择手机屏幕视频素材，如图 5-110 所示。

图 5-109 点击“画中画”按钮

图 5-110 选择第 2 段视频素材

步骤 3 在底部工具栏中点击“切画中画”按钮，如图 5-111 所示。

步骤 4 执行操作后，即可将第 2 段视频素材切换为画中画，将该视频轨道拖动至时间线的开始位置处，如图 5-112 所示。

图 5-111 点击“切画中画”按钮

图 5-112 拖动视频素材

步骤 5 点击“混合模式”按钮进入其界面，❶选择“变暗”选项；❷并将不透明度调至 80，如图 5-113 所示。

▶▷ 步骤 6 确认后点击“调节”按钮，设置“亮度”参数为 -30，如图 5-114 所示。

图 5-113 选择“变暗”选项

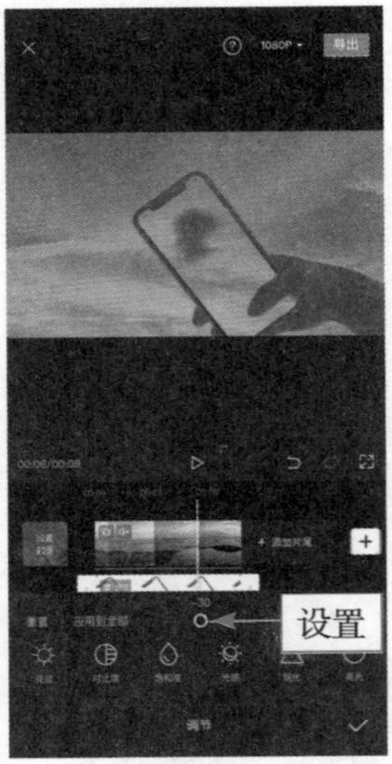

图 5-114 设置“亮度”参数

▶▷ 步骤 7 将“对比度”参数设置为 40，如图 5-115 所示。

▶▷ 步骤 8 将“锐化”参数设置为 100，如图 5-116 所示。

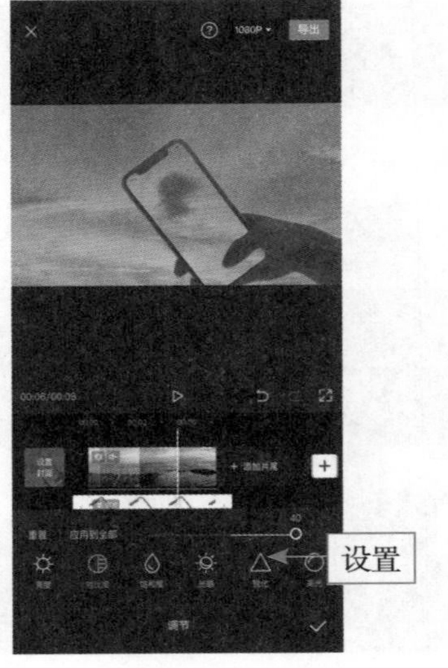

图 5-115 设置“对比度”参数

图 5-116 设置“锐化”参数

第6章 动感音效锦上添花

音频是短视频的重要组成部分之一，一段切合视频素材的音频不仅能为视频锦上添花，有时还会有一加一大于二的效果。本章主要介绍短视频的音频处理，包括录音、添加音频、添加音效及制作卡点视频。

6.1 录制语音：添加视频旁白

【效果展示】：语音旁白是视频中必不可少的一个元素，在剪映中可以通过“录音”功能录制语音旁白，视频效果如图 6-1 所示。

图 6-1　录制语音视频效果展示

扫码看效果　　扫码看视频

下面介绍使用剪映 App 录制语音旁白的操作方法。

步骤 1　在剪映 App 中导入一个视频素材，点击“关闭原声”按钮，将短视频原声设置为静音，如图 6-2 所示。

步骤 2　点击“音频”按钮进入其编辑界面，点击“录音”按钮，如图 6-3 所示。

图 6-2　关闭原声　　图 6-3　点击“录音”按钮

步骤 3　进入相应界面，按住红色的录音键不放，即可开始录制语音旁白，如图 6-4 所示。

▶▷ 步骤 4 录制完成后，松开录音键，即可自动生成录音轨道，如图 6-5 所示。

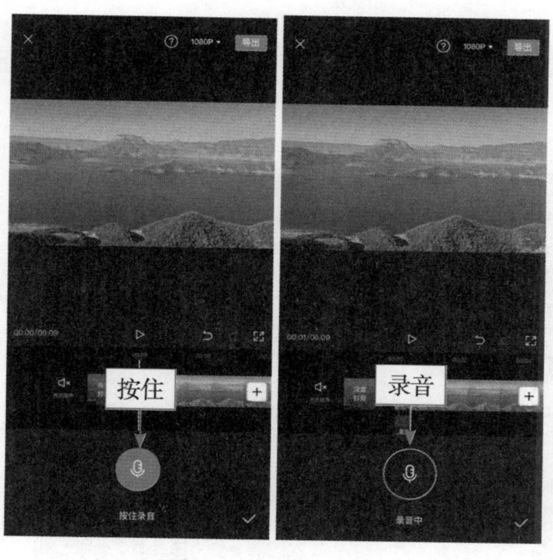

图 6-4 开始录音

图 6-5 完成录音

6.2 添加音频：导入背景音乐

【效果展示】：对短视频来说，背景音乐是其灵魂，所以添加音频是后期剪辑中非常重要的一步，视频效果如图 6-6 所示。

图 6-6 添加背景音乐视频效果展示

扫码看效果

扫码看视频

下面介绍使用剪映 App 导入背景音乐的操作方法。

▶▷ 步骤 1 在剪映 App 中导入并选择视频素材，点击界面底部的“降噪”按钮，如图 6-7 所示。

▶▷ 步骤 2 ❶打开“降噪开关”；❷系统会自动进行降噪处理，并显示处理进度，如图 6-8 所示。

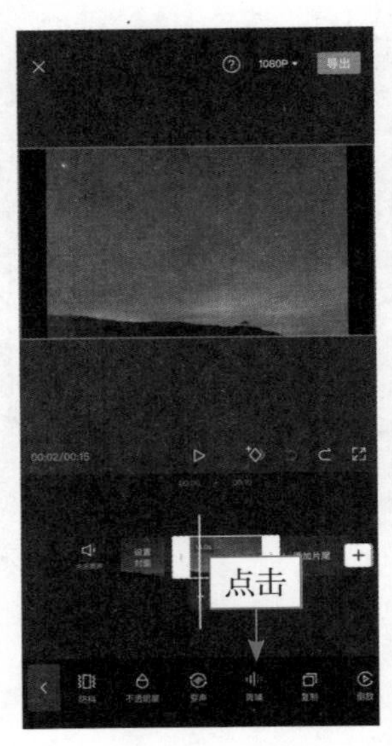

图 6-7 点击“降噪”按钮

图 6-8 进行降噪处理

▶▷ 步骤 3 点击“添加音频”按钮，如图 6-9 所示。

▶▷ 步骤 4 进入“音频”编辑界面，点击“音乐”按钮，如图 6-10 所示。

图 6-9 点击“添加音频”按钮

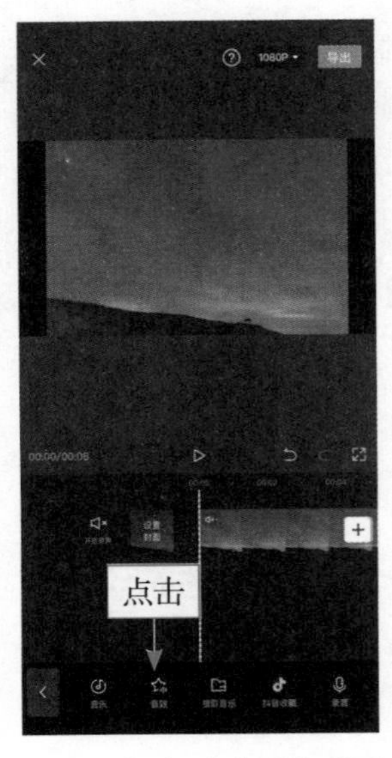

图 6-10 点击“音乐”按钮

▶▷ 步骤 5 进入“添加音乐”界面，❶切换至“我的收藏”选项卡；❷选择一首合适的音乐并点击“使用”按钮，如图 6-11 所示。

▶▷ 步骤 6 执行操作后，即可添加背景音乐，如图 6-12 所示。

图 6-11 选择导入音乐

图 6-12 添加背景音乐

▶▷ 步骤 7 向右拖动音频轨道前的白色拉杆，即可调整音频，如图 6-13 所示。

▶▷ 步骤 8 按住音频轨道向左拖动至视频的起始位置处，完成音频的调整操作，如图 6-14 所示。

图 6-13 裁剪音频素材

图 6-14 调整音频位置

▶▷ 步骤 9 ❶拖动时间轴，将其移至视频的结尾处；❷选择音频；

❸点击“分割”按钮；❹即可分割音频，如图 6–15 所示。

▶▷ 步骤 10 选择第 2 段音频，点击“删除”按钮，即可删除音频，如图 6–16 所示。

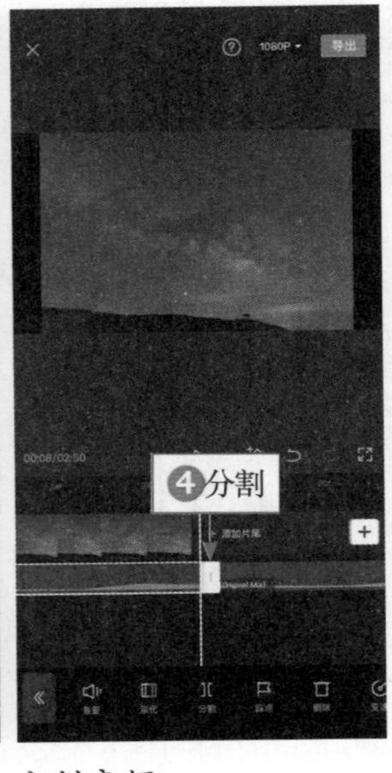

图 6–15 分割音频

图 6–16 删除多余的音频

▶▷ 步骤 11 选择相应的音频，如图 6–17 所示。

▶▷ 步骤 12 进入“音频”编辑界面，点击底部的“淡化”按钮，如图 6–18 所示。

图 6–17 选择音频

图 6–18 点击“淡化”按钮

▷▷ 步骤 13 进入“淡化”界面，设置相应的淡入时长和淡出时长，如图 6-19 所示。

▷▷ 步骤 14 点击✓按钮，即可给音频添加淡入淡出效果，如图 6-20 所示。

图 6-19 设置相应参数

图 6-20 添加淡入淡出效果

6.3 添加音效：增强画面真实

剪映 App 中提供了很多有趣的音频特效，用户可以根据短视频的情境来增加音效，如综艺、笑声、机械、BGM、人声、转场、游戏、魔法、打斗、美食、环境音、动物、交通、乐器、手机及悬疑等，如图 6-21 所示。

图 6-21 剪映 App 中的音效

例如，短视频的画面中有海浪，就可以选择“环境音”下面的“海浪”音效，如图 6–22 所示。再例如，在拍摄动物短视频时，可以选择“动物”下面对应的音效，如鸡鸣、乌鸦飞过、土拨鼠叫及狗叫等，如图 6–23 所示。

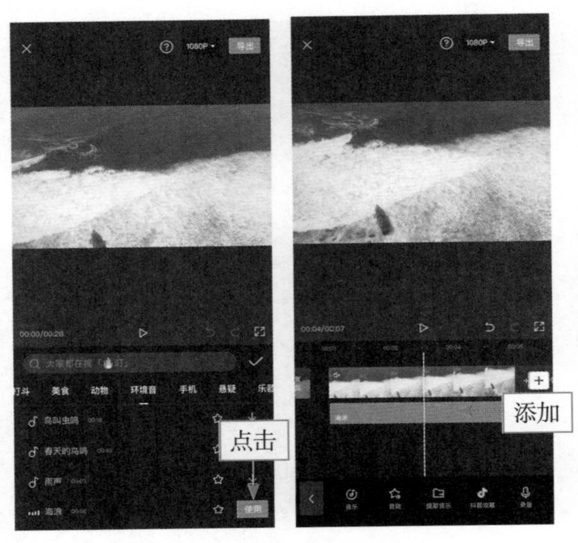

图 6–22　添加“海浪”音效

图 6–23　添加“狗叫”音效

6.4　提取音乐：导入视频声音

【效果展示】：用户有时需要提取某个视频的背景音乐，添加到另一个视频中，视频效果如图 6–24 所示。

图 6–24　提取音乐视频效果展示

扫码看效果

扫码看视频

下面介绍在剪映 App 中提取音乐的具体操作方法。

步骤 1 在剪映 App 中导入一个没有声音的视频素材，点击底部的“音频”按钮，如图 6-25 所示。

步骤 2 进入“音频”编辑界面，点击“提取音乐”按钮，如图 6-26 所示。

图 6-25 点击“音频”按钮

点击

图 6-26 点击“提取音乐”按钮

步骤 3 ❶选择要提取音乐的视频文件；❷点击“仅导入视频的声音”按钮，如图 6-27 所示。

步骤 4 执行操作后，即可提取并导入视频中的音乐文件，如图 6-28 所示。

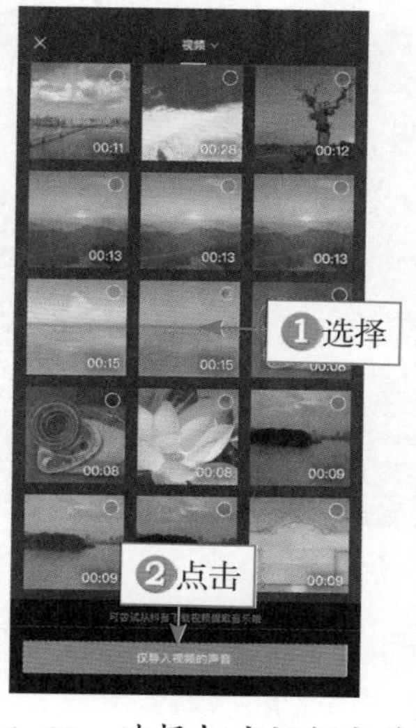

图 6-27 选择相应视频文件

图 6-28 提取并导入音乐文件

6.5 自动踩点：轻松制作卡点

【效果展示】：自动踩点是剪映 App 中一个能帮你一键标出节拍点的功能，帮助用户快速制作出卡点视频，效果如图 6–29 所示。

扫码看效果

扫码看视频

图 6–29　自动踩点效果展示

下面介绍使用剪映 App 的自动踩点功能制作卡点短视频的操作方法。

▶▷ 步骤 1　在剪映 App 中导入视频素材，并添加相应的卡点背景音乐，如图 6–30 所示。

▶▷ 步骤 2　选择音频，进入“音频”编辑界面，点击底部的“踩点”按钮，如图 6–31 所示。

图 6–30　添加卡点背景音乐　图 6–31　点击“踩点”按钮

▶▷ 步骤 3　进入“踩点”界面，❶开启“自动踩点”功能；❷并选择“踩节拍Ⅰ”选项，如图 6-32 所示。

▶▷ 步骤 4 点击✓按钮，即可在音乐鼓点的位置添加对应的黄色小圆点，如图 6-33 所示。

图 6-32 开启“自动踩点”功能

图 6-33 添加对应黄点

▶▷ 步骤 5 调整视频的持续时间，将每段视频的长度对准音频中的黄色小圆点，如图 6-34 所示。

▶▷ 步骤 6 选择视频片段，点击“动画”按钮，给所有的视频片段都添加“向下甩入”的动画效果，如图 6-35 所示。点击右上角的“导出”按钮，导出视频。

图 6-34 调整视频的持续时长

图 6-35 添加“向下甩入”动画效果

6.6 荧光线描卡点：荧光线与动漫相撞

【效果展示】：火遍全网的荧光线描卡点看似很难制作，但在剪映 App 中可以很轻松地制作出来，效果如图 6–36 所示。

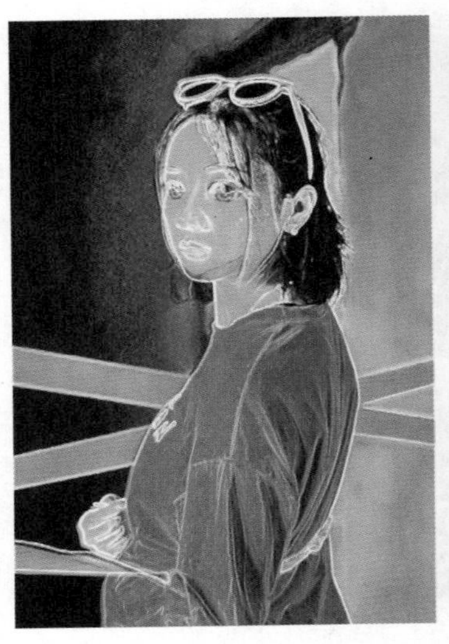

扫码看效果

扫码看视频

图 6–36　荧光线描卡点效果展示

下面介绍使用剪映 App 制作荧光线描卡点视频的操作方法。

▶▷ 步骤 1　在剪映 App 中导入 4 段素材，并添加合适的卡点音乐，❶选择音频轨道；❷点击下方工具栏中的“踩点”按钮，如图 6–37 所示。

▶▷ 步骤 2　进入“踩点”界面后，❶点击“自动踩点”按钮；❷并选择“踩节拍 I”选项，如图 6–38 所示。

图 6–37　点击“踩点”按钮

图 6–38　选择“踩节拍 I”选项

▶▷ 步骤 3　点击✓按钮返回，❶拖动第 1 段视频轨道右侧的白色拉杆，将长度对准音频轨道中的第 1 个黄色小圆点；❷点击工具栏中的“复制”按钮，如图 6–39 所示。

▶▷ 步骤 4　点击《按钮返回，❶拖动时间轴至第 1 段视频的起始位置；❷点击“特效”按钮，如图 6–40 所示。

图 6–39　点击“复制”按钮

图 6–40　点击“特效”按钮

▶▷ 步骤 5　切换至“漫画”选项卡，选择“荧光线描”特效，如图 6–41 所示。

▶▷ 步骤 6　点击✓按钮添加特效，拖动特效轨道右侧的白色拉杆，调整特效的持续时长，使其与第 1 段视频素材的时长保持一致，如图 6–42 所示。

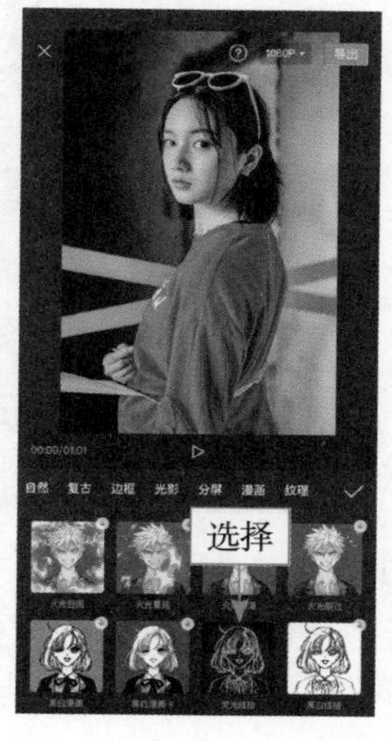

图 6–41　选择“荧光线描”特效

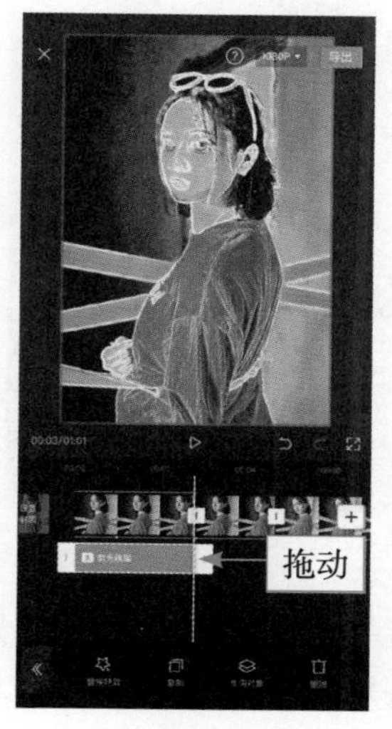

图 6–42　调整特效的持续时长

步骤7 点击《按钮返回，点击“新增特效”按钮，如图6-43所示。

步骤8 ❶切换至“氛围”选项卡；❷选择“星火炸开”特效，如图6-44所示。

图6-43 点击“新增特效”按钮 图6-44 选择“星火炸开”特效

步骤9 点击✓按钮返回，❶选择第2个视频轨道；❷拖动其右侧的白色拉杆，使其长度也对准音频轨道中的第2个黄色小圆点，如图6-45所示。

步骤10 点击《按钮返回主界面，❶拖动时间轴至起始位置；❷依次点击“画中画”按钮和“新增画中画”按钮，如图6-46所示。

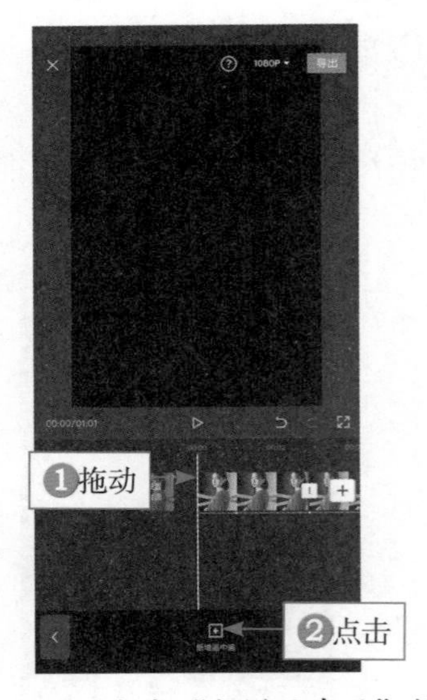

图6-45 调整视频时长 图6-46 点击“新增画中画”按钮

步骤11 再次导入第1段视频素材，❶拖动其右侧的白色拉杆与第1段视频轨道对齐；❷在预览区域调整画中画视频的画面大小，使其铺满屏幕；

❸点击下方工具栏中的“玩法”按钮；❹选择“日漫”玩法，如图 6-47 所示。

▶▷ 步骤 12 生成漫画效果后，点击“混合模式”按钮，在混合模式菜单中选择“滤色”选项，如图 6-48 所示。

图 6-47 选择“日漫”选项

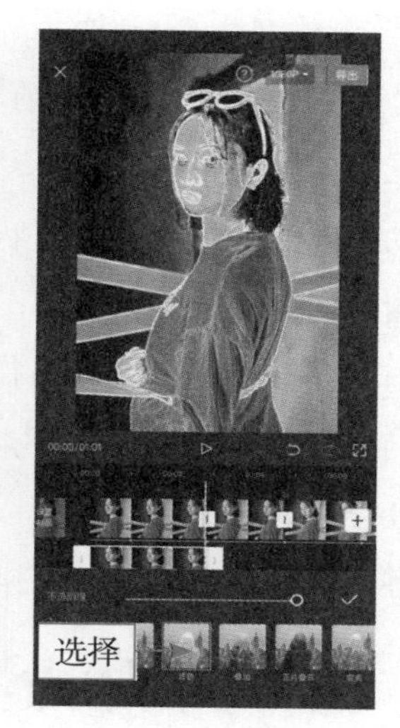

图 6-48 选择“滤色”选项

▶▷ 步骤 13 点击✓按钮返回，❶选择第 1 段视频素材；❷依次点击“动画”按钮和“入场动画”按钮，如图 6-49 所示。

▶▷ 步骤 14 ❶在入场动画选项卡中选择“向右滑动”动画效果；❷拖动白色圆环滑块，调整动画效果的时长，使其与第 1 段视频时长保持一致，如图 6-50 所示。

图 6-49 点击“入场动画”按钮

图 6-50 调整动画时长

▶▷ 步骤 15 ❶ 选择第 1 段画中画视频素材；❷依次点击"动画"按钮和"入场动画"按钮，如图 6-51 所示。

▶▷ 步骤 16 ❶在入场动画选项卡中选择"向左滑动"动画效果；❷拖动白色圆环滑块，调整动画时长，使其与第 1 段画中画视频时长保持一致，如图 6-52 所示。点击"导出"按钮，即可将视频导出。

图 6-51 点击"入场动画"按钮

图 6-52 调整动画时长

6.7 万有引力卡点：制作爆款甜蜜视频

【效果展示】：万有引力卡点短视频非常火爆，制作起来非常简单，新手也能快速学会，效果如图 6-53 所示。

扫码看效果

扫码看视频

图 6-53 万有引力卡点效果展示

下面介绍使用剪映 App 制作万有引力卡点短视频的操作方法。

▶▷ 步骤 1 在剪映 App 中导入 5 段素材，并添加相应的背景音乐，如图 6-54 所示。

▶▷ 步骤 2 进入“踩点”界面后，❶点击“自动踩点”按钮；❷并选择“踩节拍Ⅱ”选项，如图 6-55 所示。

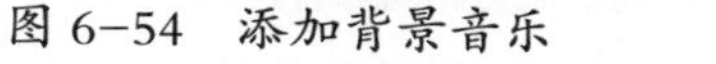
图 6-54 添加背景音乐

图 6-55 选择“踩节拍Ⅱ”选项

▶▷ 步骤 3 返回主界面后，❶选择第 1 个视频；❷拖动其右侧的白色拉杆，使其长度对准音频轨道中的第 1 个黄色小圆点，如图 6-56 所示。

▶▷ 步骤 4 用与上相同的操作方法，将后面的视频片段对齐相应的黄色小圆点，调整每个视频片段的时长，如图 6-57 所示。

图 6-56 调整视频时长

图 6-57 调整视频片段的时长

▶▷ 步骤 5 ❶选择第 2 段视频素材；❷依次点击“动画”按钮和“入

场动画”按钮，如图 6-58 所示。

▶▷ 步骤 6 ❶在入场动画选项卡中选择“雨刷”动画效果；❷拖动白色圆环滑块，适当调整动画时长，如图 6-59 所示。

图 6-58 点击“入场动画”按钮

图 6-59 调整动画时长

▶▷ 步骤 7 用与上相同的操作方法，为后面的视频素材添加同样的效果，点击✓按钮添加动画效果，❶拖动时间轴至起始位置；❷点击“特效”按钮，如图 6-60 所示。

▶▷ 步骤 8 在“基础”选项卡中选择“变清晰”特效，点击✓按钮添加特效，拖动特效轨道右侧的白色拉杆，调整特效的持续时长，使其与第 1 段视频素材的时长保持一致，如图 6-61 所示。

图 6-60 点击“特效”按钮

图 6-61 调整特效的持续时长

步骤 9 点击《按钮返回，点击“新增特效”按钮，添加一个“星火炸开”特效，调整特效的持续时长，使其与第 2 段视频素材的时长保持一致，如图 6-62 所示。

步骤 10 用与上相同的操作方法，为后面的视频素材添加“星火炸开”特效，如图 6-63 所示。

图 6-62 调整特效的持续时长

图 6-63 添加特效

6.8 旋转立方体卡点：动感霓虹灯效果

【效果展示】：旋转立方体卡点是一个非常炫酷的卡点视频，可以看到人像立方体旋转，在卡点位置向前推进，效果如图 6-64 所示。

图 6-64 旋转立方体卡点效果展示

扫码看效果

扫码看视频

下面介绍使用剪映 App 制作旋转立方体卡点视频的操作方法。

▶▷ 步骤 1 在剪映 App 中导入 4 段素材，并添加卡点音乐，在比例菜单中选择 9:16 选项，如图 6–65 所示。

▶▷ 步骤 2 依次点击“背景”按钮和“画布模糊”按钮，在“画布模糊”界面中选择第 4 个模糊效果，如图 6–66 所示。

图 6–65 选择 9:16 选项

图 6–66 选择第 4 个模糊效果

▶▷ 步骤 3 依次点击“应用到全部”按钮和✓按钮，选择音频轨道，点击“踩点”按钮，进入“踩点”界面后，❶点击“自动踩点”按钮；❷并选择“踩节拍 I”选项，如图 6–67 所示。

▶▷ 步骤 4 点击✓按钮添加节拍点，❶选择第 1 段视频素材；❷拖动其右侧的白色拉杆，调整视频时长，使其与第 1 个黄色小圆点对齐，如图 6–68 所示。

图 6–67 选择“踩节拍 I”选项

图 6–68 调整视频时长

▶▷ 步骤 5　用与上相同的操作方法将后面的视频片段对齐相应的黄色小圆点，❶选择第 1 段视频素材；❷在“蒙版”编辑界面选择“镜面”蒙版；❸在预览区域旋转蒙版，使其垂直，并拖动«按钮，将羽化值拉到最大，如图 6-69 所示。

▶▷ 步骤 6　点击✓按钮添加蒙版，点击“动画”按钮，在“组合动画”中选择“立方体”动画效果，如图 6-70 所示。

图 6-69　羽化值拉到最大

图 6-70　选择“立方体”动画

▶▷ 步骤 7　点击✓按钮返回主界面，点击“特效”按钮，在“动感”选项卡中选择“霓虹灯”特效，如图 6-71 所示。

▶▷ 步骤 8　点击✓按钮返回，调整特效轨道的持续时长，使其与第 1 段视频轨道保持一致，如图 6-72 所示。后面的视频用相同的方法处理。

图 6-71　选择“霓虹灯”特效

图 6-72　调整特效轨道的持续时长

6.9　风格反差卡点：让你的视频酷起来

【效果展示】：风格反差卡点是非常炫酷的卡点视频，让你的视频轻轻松松地酷起来，效果如图 6–73 所示。

扫码看效果

扫码看视频

图 6–73　风格反差卡点效果展示

下面介绍使用剪映 App 制作风格反差卡点视频的操作方法。

步骤 1　在剪映 App 中导入 3 段素材，并添加卡点音乐，选择音频轨道，点击“踩点”按钮，如图 6–74 所示。

步骤 2　进入“踩点”界面后，❶点击“自动踩点”按钮；❷并选择“踩节拍 I”选项，如图 6–75 所示。

图 6–74　点击“踩点”按钮　图 6–75　选择“踩节拍 I”选项

步骤 3　根据节拍点，调整 3 个照片素材与音频素材的时长，❶选择第 1 段素材；❷点击“动画”按钮，如图 6–76 所示。

步骤 4　在“组合动画”中选择“旋入晃动”动画效果，如图 6–77 所示。

图 6-76　点击“动画”按钮　　图 6-77　选择“旋入晃动”动画效果

▶▷ 步骤 5　拖动时间轴至起始位置，点击“特效”按钮，进入“特效”界面，在“基础”选项卡中选择“模糊开幕”特效，为第 1 段素材添加特效，如图 6-78 所示

▶▷ 步骤 6　用与上相同的操作方法为后面两段素材添加“入场动画”里的“向右下甩入”动画特效，如图 6-79 所示。

图 6-78　选择“模糊开幕”特效　图 6-79　选择“向右下甩入”动画特效

▶▷ 步骤 7　点击✓按钮返回，用同样的操作方法为后面两段素材分别添

加“动感”特效选项卡中的“波纹色差”特效和“氛围”特效选项卡中的“烟雾”特效，如图 6-80 所示。

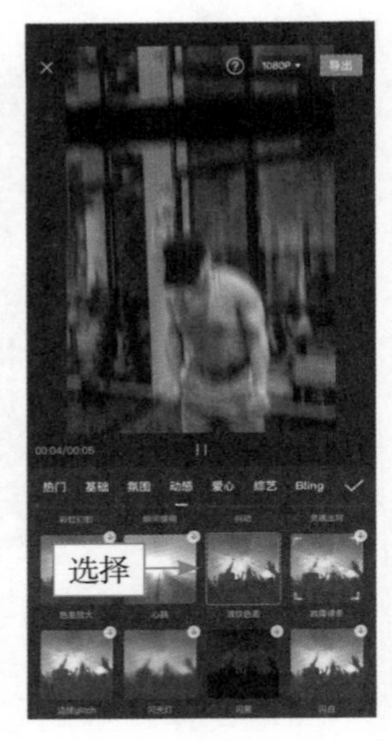

图 6-80 选择相应的特效

▶▷ 步骤 8 调整特效持续时间，效果如图 6-81 所示。执行操作后，点击“导出”按钮，将视频导出。

图 6-81 调整特效持续时间

第7章 字幕编辑深刻印象

我们在刷短视频的时候，常常可以看到很多短视频中都添加了字幕效果，让观众在短短几秒内就能看懂视频内容。本章将从添加文字、识别字幕歌词、添加花字贴纸及添加一些特殊的文字效果来介绍字幕编辑的有关知识。

7.1　添加文字：视频主题解说

【效果展示】：用户可以使用剪映 App 给自己拍摄的短视频添加合适的文字内容，效果如图 7-1 所示。

图 7-1　添加文字效果展示

扫码看效果

扫码看视频

下面介绍在剪映 App 中添加文字的具体操作方法。

▶▷ 步骤 1　导入视频素材，依次点击“文本”按钮和“新建文本”按钮，如图 7-2 所示。

▶▷ 步骤 2　进入“文本”编辑界面，用户可以长按文本框，通过粘贴文字来快速输入，如图 7-3 所示。

图 7-2　点击“新建文本”按钮　图 7-3　进入编辑界面

▶▷ 步骤 3　在文本框中输入符合短视频主题的文字内容，如图 7-4 所示。

▶▷ 步骤 4　点击✓按钮确认，即可添加文字，在预览区域按住文字素材并拖动，即可调整文字的位置和大小，如图 7-5 所示。

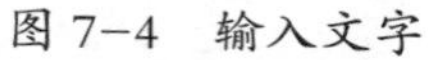
图 7-4　输入文字

图 7-5　调整文字的位置和大小

▷▷ 步骤 5　拖动字幕轨道右侧的白色拉杆，调整文字在画面中出现的时间和持续时长，如图 7-6 所示。

▷▷ 步骤 6　点击文本框右上角的 按钮，进入“样式”界面，选择相应的字体样式，如选择“宋体”字体样式，如图 7-7 所示。

图 7-6　调整文字的持续时长

图 7-7　选择“宋体”字体样式

▷▷ 步骤 7　字体下方为描边样式，用户可以选择相应的样式模板快速应用描边效果，如图 7-8 所示。

▷▷ 步骤 8　同时用户也可以点击底部的“描边”选项，切换至该选项卡，在其中也可以设置描边的颜色和粗细度参数，如图 7-9 所示。

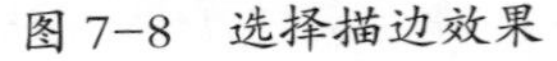

图 7-8　选择描边效果　　　　图 7-9　设置描边颜色和粗细度参数

▶▷ 步骤 9　切换至“标签”选项卡，在其中可以设置标签颜色和透明度，添加标签效果，让文字更为明显，如图 7-10 所示。

▶▷ 步骤 10　切换至“阴影”选项卡，在其中可以设置文字阴影的颜色和透明度，添加阴影效果，让文字显得更为立体，如图 7-11 所示。

▶▷ 步骤 11　❶切换至“排列”选项卡，用户可以在其中选择左对齐、水平居中对齐、右对齐、垂直上对齐、垂直居中对齐和垂直下对齐等多种对齐方式，让文字的排列更加错落有致；❷拖动下方的“字间距”滑块，调整文字间的距离，如图 7-12 所示。点击右上角的“导出”按钮，导出视频后，即可预览文字效果。

图 7-10　添加标签效果　图 7-11　添加阴影效果　图 7-12　调整字间距

7.2 识别字幕：添加文字气泡

【效果展示】：剪映 App 的识别字幕功能准确率非常高，能够帮助用户快速识别并添加与视频时间对应的字幕轨道，提高制作短视频的效率，效果如图 7-13 所示。

图 7-13　识别字幕效果展示

扫码看效果　　扫码看视频

下面介绍在剪映 App 中识别字幕的具体操作方法。

▶▷ 步骤 1　在剪映 App 中导入一个素材，点击“文本”按钮，如图 7-14 所示。

▶▷ 步骤 2　进入“文字”编辑界面，点击“识别字幕”按钮，如图 7-15 所示。

图 7-14　点击“文本”按钮　　图 7-15　点击“识别字幕”按钮

▶▷ 步骤 3　执行操作后，弹出“自动识别字幕”对话框，点击“开始识别”按钮，如图 7-16 所示。如果视频中本身存在字幕，可以打开“同时清空已有字幕”开关，快速清除原来的字幕。

步骤 4 执行操作后，软件开始自动识别视频中的语音内容，如图 7–17 所示。

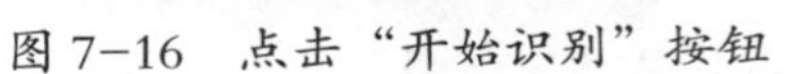
图 7–16 点击“开始识别”按钮

图 7–17 自动识别语音

步骤 5 稍等片刻后，即可完成字幕识别，并自动生成对应的字幕轨道，如图 7–18 所示。

步骤 6 拖动时间轴，可以查看字幕效果，如图 7–19 所示。

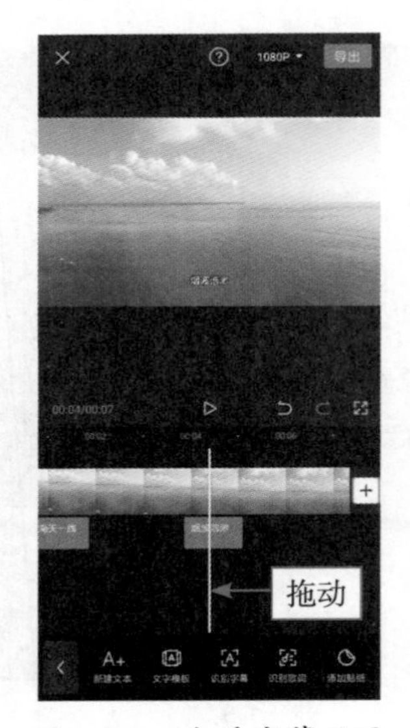

图 7–18 生成字幕轨道

图 7–19 查看字幕效果

步骤 7 在时间线区域选择相应的字幕轨道，并在预览区域适当调整文字的大小，如图 7–20 所示。

▶▷ 步骤 8　点击文本框右上角的按钮，进入“样式”界面，还可以设置字幕的字体样式、描边、阴影及对齐方式等选项，如图 7-21 所示。

▶▷ 步骤 9　切换至“气泡”选项卡，选择一个气泡边框效果，如图 7-22 所示。点击按钮，确认添加气泡边框效果。

图 7-20　调整文字的大小

图 7-21　设置字幕样式

图 7-22　选择气泡边框效果

7.3　识别歌词：卡拉 OK 效果

【效果展示】：除了识别短视频字幕外，剪映 App 还能够自动识别短视频中的歌词内容，可以非常方便地为背景音乐添加动态歌词效果，效果如图 7-23 所示。

图 7-23　识别歌词效果展示

扫码看效果

扫码看视频

下面介绍在剪映 App 中识别歌词的具体操作方法。

▶▷ 步骤 1　在剪映App中导入一个素材，点击“文本”按钮，如图 7-24 所示。

▶▷ 步骤 2　进入“文字”编辑界面后，点击“识别歌词”按钮，如图 7-25 所示。

图 7-24　点击“文本”按钮　图 7-25　点击“识别歌词”按钮

▶▷ 步骤 3　执行操作后，弹出“识别歌词”对话框，点击“开始识别”按钮，如图 7-26 所示。

▶▷ 步骤 4　执行操作后，软件开始自动识别视频背景音乐中的歌词内容，如图 7-27 所示。

>> 专家提醒

如果视频中本身存在歌词，可以选中“同时清空已有歌词”按钮，快速清除原来的歌词内容。

图 7-26　点击“开始识别”按钮　图 7-27　开始识别歌词

▶▷ 步骤 5　稍等片刻，即可完成歌词识别，并自动生成歌词轨道，如图 7-28 所示。

▶▷ 步骤 6　拖动时间轴，可以查看歌词效果，适当调整歌词时长并选中相应歌词，点击“样式”按钮，如图 7-29 所示。

图 7-28　生成歌词轨道

图 7-29　点击“样式”按钮

▶▷ 步骤 7　❶切换至“动画”选项卡；❷为歌词选择一个“卡拉 OK”的入场动画效果；❸拖动滑块➡至最右端，调整动画时长，如图 7-30 所示。

▶▷ 步骤 8　选择红色色块，可以更改文字动画颜色，点击✓按钮，可以看到添加动画后的效果，如图 7-31 所示。

图 7-30　选择“卡拉 OK”动画效果

图 7-31　添加动画效果

7.4　添加花字：打造独特内容

【效果展示】：用户在给短视频添加标题时，可以使用剪映 App 的“花字”功能来制作，效果如图 7-32 所示。

图 7-32　添加花字效果展示

扫码看效果

扫码看视频

下面介绍在剪映 App 中添加花字的具体操作方法。

▶▷ 步骤 1　在剪映 App 中导入两张照片素材，点击界面底部的“文本”按钮，如图 7-33 所示。

▶▷ 步骤 2　进入“文本”编辑界面，点击“新建文本”按钮，在文本框中输入符合短视频主题的文字内容，如图 7-34 所示。

图 7-33　点击“文本”按钮

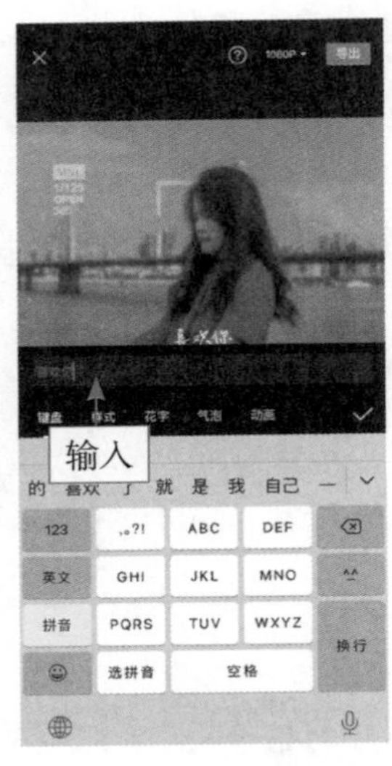

图 7-34　输入文字

▶▷ 步骤 3　在预览区域中按住文字素材并拖动，调整文字的位置，并设置相应的字体和对齐方式，如图 7-35 所示。

▶▷ 步骤 4　切换至“花字”选项卡，在其中选择一个合适的“花字”样式，如图 7-36 所示。

图 7-35　设置字体和对齐方式

图 7-36　选择“花字”样式

▶▷ 步骤 5　切换至“动画”选项卡，在“入场动画”选项中，选择“爱心弹跳”动画效果，如图 7-37 所示。

▶▷ 步骤 6　执行操作后，拖动底部的图标，将动画的持续时长设置为 1.5s，如图 7-38 所示。

▶▷ 步骤 7　点击✓按钮返回，按照与上相同的操作，依次为其他字幕添加相同的动画效果，如图 7-39 所示。点击“导出”按钮，即可将视频导出。

图 7-37　选择“爱心弹跳”动画

图 7-38　设置动画的持续时长

图 7-39　为其他字幕添加动画效果

7.5 添加贴纸：增加童趣效果

【效果展示】：剪映 App 能够直接给短视频添加文字贴纸效果，让短视频画面更加精彩、有趣，吸引大家的目光，效果如图 7–40 所示。

图 7–40 添加贴纸效果展示

扫码看效果

扫码看视频

下面介绍在剪映 App 中添加花字的具体操作方法。

步骤 1 在剪映 App 中导入一个素材，点击“贴纸”按钮，如图 7–41 所示。

步骤 2 执行操作后，进入相应界面，下方窗口中显示了软件提供的所有贴纸模板，如图 7–42 所示。

图 7–41 点击“贴纸”按钮

图 7–42 进入相应界面

▷▷ 步骤 3　选择合适的贴纸，即可自动添加到视频画面中，也可以使用多个贴纸进行叠加组合，如图 7-43 所示。

▷▷ 步骤 4　调整贴纸的大小、位置及持续时间，如图 7-44 所示。

图 7-43　添加贴纸

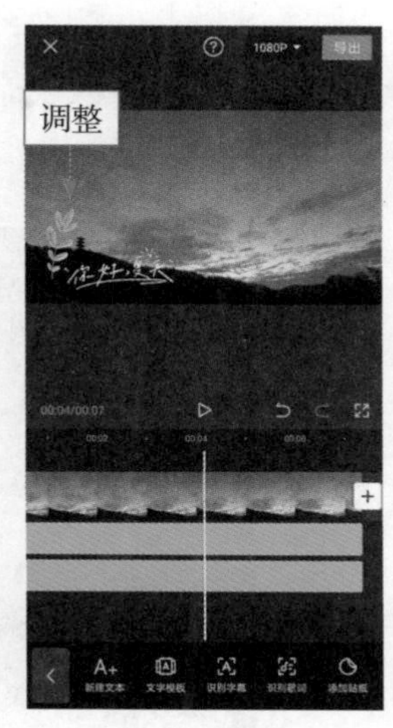

图 7-44　调整贴纸

7.6　文字动画：潮流新颖效果

【效果展示】：为视频文字添加动画效果，也是一种非常新颖、火爆的表现形式，效果如图 7-45 所示。

图 7-45　文字动画效果展示

扫码看效果

扫码看视频

下面介绍使用剪映 App 制作文字动画效果的操作方法。

步骤 1 在剪映 App 中导入一个素材，添加文字并设置相应的文字样式，效果如图 7-46 所示。

步骤 2 切换至“气泡”选项卡，①选择一个合适的气泡样式模板；②在预览区域调整模板的位置和大小，让短视频的文字主题更加突出，效果如图 7-47 所示。

图 7-46 添加并设置文字样式效果

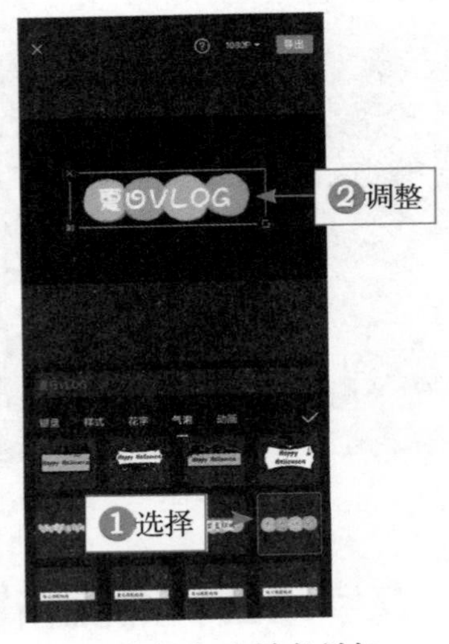

图 7-47 选择气泡样式模板

步骤 3 切换至“动画”选项卡，在“入场动画”选项区中选择“打字机 I ”动画效果，如图 7-48 所示。

步骤 4 拖动滑块，适当调整入场动画的持续时间，如图 7-49 所示。点击按钮，确认添加文字动画，并在文本轨道中调整文本的时长。

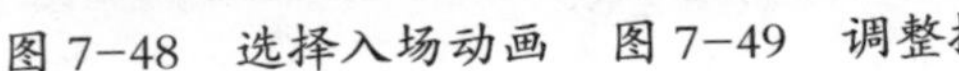

图 7-48 选择入场动画　图 7-49 调整持续时间

7.7 文字消散：浪漫朦胧效果

【效果展示】：文字消散是非常浪漫唯美的一种字幕效果，让你的短视频更具朦胧感，效果如图 7–50 所示。

图 7–50 文字消散效果展示

扫码看效果

扫码看视频

下面介绍使用剪映 App 制作文字消散效果的操作方法。

步骤 1 在剪映 App 中导入一个素材，添加文字并设置相应的文字样式，如图 7–51 所示。

步骤 2 切换至“动画”选项卡，在“入场动画”选项中，找到并选择“向下滑动”动画效果，如图 7–52 所示。

步骤 3 拖动滑块，将动画的持续时长设置为 0.8s，如图 7–53 所示。

图 7–51 添加并设置文字效果

图 7–52 选择“向下滑动”动画效果

图 7–53 设置持续时长

▷▷ 步骤 4　切换至“出场动画”选项卡，找到并选择“打字机Ⅱ”动画效果，如图 7–54 所示。

▷▷ 步骤 5　拖动滑块，将动画的持续时长设置为 1.3s，如图 7–55 所示。

图 7–54　选择“打字机Ⅱ”动画效果　　图 7–55　设置动画的持续时长

▷▷ 步骤 6　点击按钮返回，依次点击一级工具栏中的“画中画”按钮，再点击“新增画中画”按钮，添加一个粒子素材，点击下方工具栏中的“混合模式”按钮，如图 7–56 所示。

▷▷ 步骤 7　执行操作后，选择“滤色”选项，如图 7–57 所示。

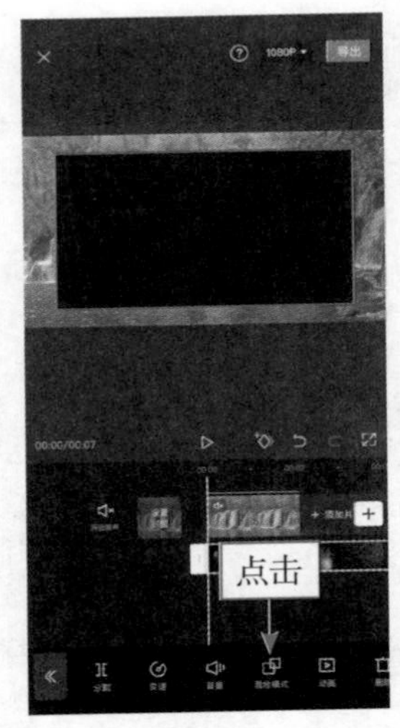

图 7– 56　点击“混合模式”按钮　　图 7–57　选择“滤色”选项

▷▷ 步骤 8　点击✓按钮返回，拖动粒子素材至文字下滑后停住的位置，调整素材时长，如图 7–58 所示。

▷▷ 步骤 9　选中粒子素材的视频轨道后，调整视频画面的大小，使其铺满文字位置，点击“导出”按钮，即可导出并预览视频，如图 7–59 所示。

图 7–58　拖动粒子素材

图 7–59　调整粒子素材的画面大小

7.8　镂空文字：酷炫片头字幕

【效果展示】：镂空文字可以用来制作炫酷的开头字幕，为你的视频提高档次，效果如图 7–60 所示。

图 7–60　镂空文字效果展示

扫码看效果

扫码看视频

下面介绍使用剪映 App 制作片头镂空文字效果的操作方法。

▶▷ 步骤 1 在剪映 App 的“素材库”中导入一个纯黑色视频素材，并新建一个文本，在文本框中输入相应的文字内容，如图 7-61 所示。

▶▷ 步骤 2 执行操作后可以对添加的文本进行样式调整，如图 7-62 所示。

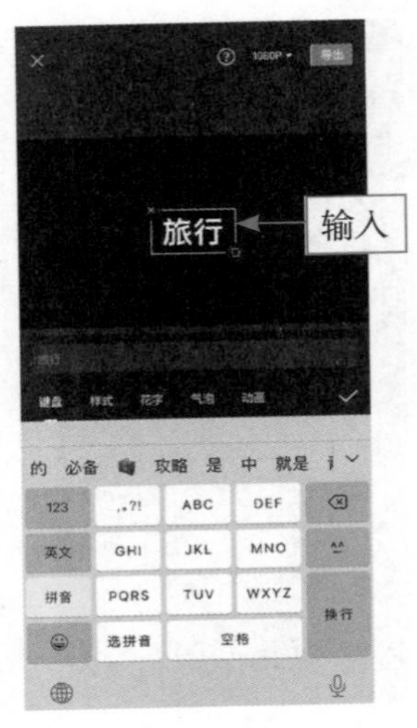

图 7-61 输入文字内容

图 7-62 设置字体样式

▶▷ 步骤 3 将文字视频导出，新建一个剪映草稿并导入一个背景视频素材，点击“画中画”按钮和“新增画中画”按钮，如图 7-63 所示。

▶▷ 步骤 4 ❶在“照片视频”界面选择刚刚做好的文字视频；❷点击“添加”按钮，如图 7-64 所示。

图 7-63 点击“新增画中画”按钮

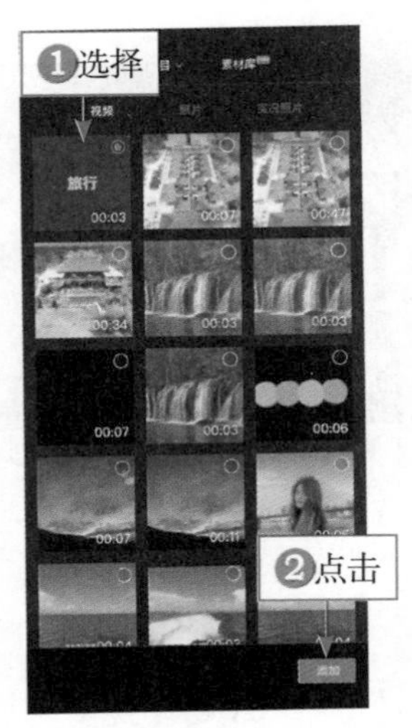

图 7-64 点击“添加”按钮

▶▷ 步骤 5 执行操作后，即可导入文字视频素材，如图 7-65 所示。

▶▷ 步骤 6 在视频预览区域中，调整文字视频画面的大小，使其铺满整个画面，如图 7-66 所示。

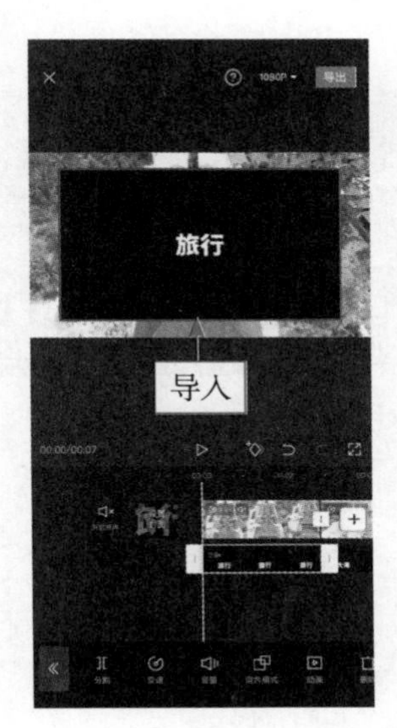

图 7-65　导入文字视频素材

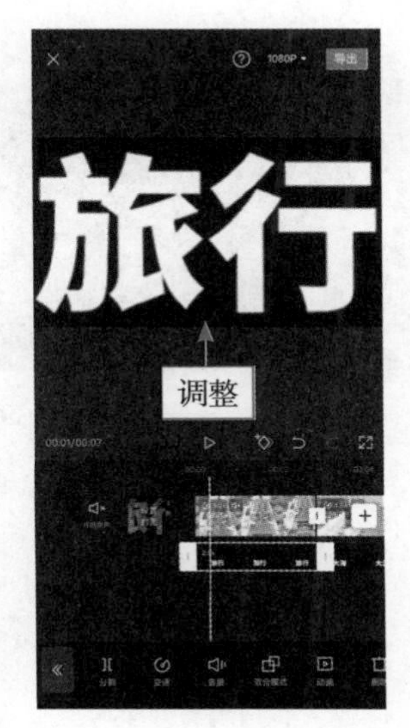

图 7-66　调整文字画面大小

▶▷ 步骤 7 在时间线区域中，调整画中画轨道的长度，如图 7-67 所示。

▶▷ 步骤 8 点击"混合模式"按钮，进入其编辑界面，在其中选择"正片叠底"选项，如图 7-68 所示。点击"导出"按钮，即可导出并预览视频。

图 7-67　调整文字视频轨道的长度

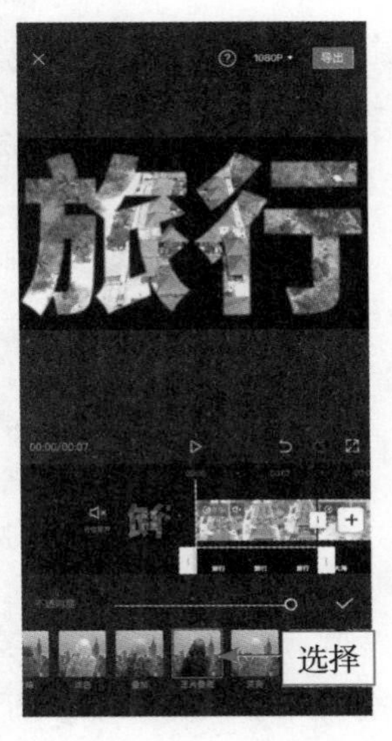

图 7-68　选择"正片叠底"选项

7.9 文字遮挡：3D 立体效果

【效果展示】：在剪映中制作文字遮挡动画，可以给人一种 3D 立体感，效果如图 7-69 所示。

图 7-69 文字遮挡效果展示

扫码看效果

扫码看视频

下面介绍使用剪映 App 制作文字遮挡效果的操作方法。

步骤 1 在剪映 App 的“素材库”中导入一个时长为 5s 的纯黑色视频素材，并新建一个文本，在“样式”编辑界面的文本框中输入相应的文字内容，如图 7-70 所示。

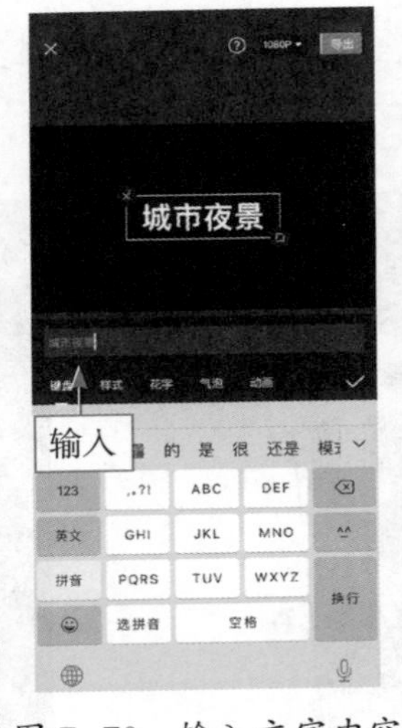

图 7-70 输入文字内容

图 7-71 选择花字样式

步骤 2 在“花字”选项卡中选择一个花字样式，如图 7-71 所示。点击按钮并返回，调整文本的持续时长与视频一致。

步骤 3 点击“导出”按钮，将文字视频导出，新建一个草稿，导入一个背景视频素材，依次点击“画中画”按钮和“新增画中画”按钮，如图 7-72 所示。

步骤 4 导入刚刚做好的文字视频，依次点击“编辑”按钮和“裁剪”

按钮，对文字视频画面进行适当裁剪，如图 7-73 所示。

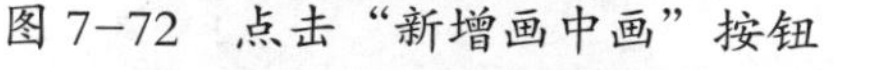
图 7-72　点击“新增画中画”按钮　　　图 7-73　裁剪文字视频画面

▶▷ 步骤 5　点击✓按钮返回，点击下方工具栏中的“混合模式”按钮，在混合模式菜单中选择“变亮”选项，如图 7-74 所示。

▶▷ 步骤 6　点击✓按钮返回，点击下方工具栏中的“蒙版”按钮，进入“蒙版”编辑界面，❶选择“线性”蒙版；❷在预览区域调整蒙版的位置，使文字消失在画面中，如图 7-75 所示。

图 7-74　选择“变亮”选项

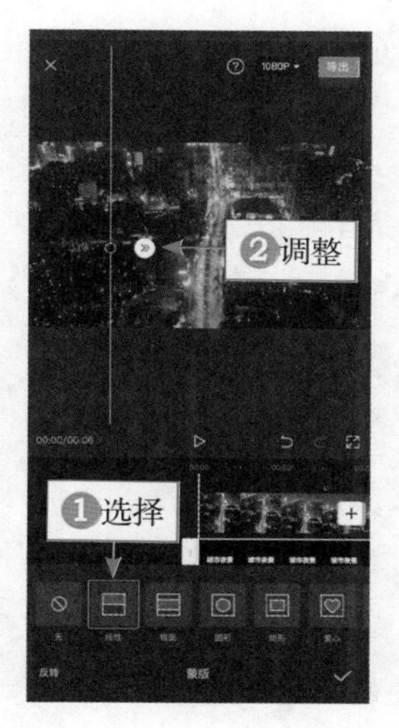

图 7-75　调整蒙版位置

▶▷ 步骤 7　点击✓按钮返回，在预览区域适当调整文字视频画面的大小和位置，如图 7–76 所示。

▶▷ 步骤 8　将时间轴拖动至画中画轨道的起始位置，点击◇按钮，添加一个关键帧，如图 7–77 所示。

图 7–76　调整文字画面的大小和位置

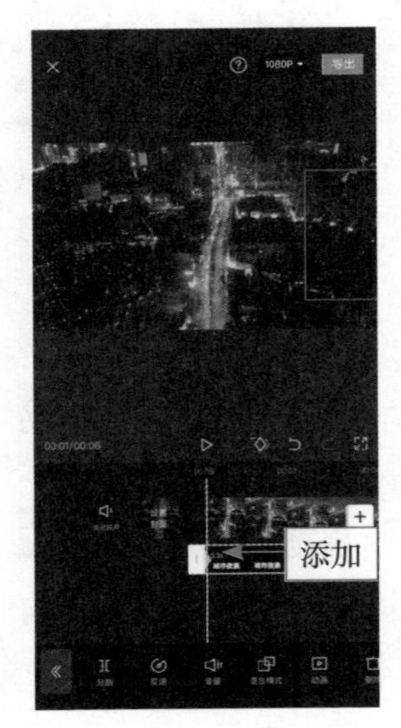

图 7–77　添加关键帧

▶▷ 步骤 9　将时间轴拖动至画中画轨道第 4 秒的位置，再次点击◇按钮，添加一个关键帧，如图 7–78 所示。

▶▷ 步骤 10　点击下方工具栏中的“蒙版”按钮，在预览区域调整文字和蒙版的位置，使文字显现出来，如图 7–79 所示。点击“导出”按钮，即可导出并预览视频。

>> 专家提醒

如果文字依然无法完全显现出来，点击✓按钮返回，在预览区域向左调整文字视频的位置，再用步骤 6 中的操作方法调整蒙版的位置，直至文字完全显示。

图 7–78　再次添加关键帧

图 7–79　调整蒙版位置

第8章 抖音爆款秒变达人

抖音上有许多热门、有趣的视频效果，许多用户很想拍出同款视频却无从下手。本章将介绍用剪映App制作人物重影效果、人物跳入水杯及扔出衣服变身等8个短视频效果的具体操作方法。

8.1 如影随形：人物重影效果

【效果展示】：使用剪映 App 中的画中画功能和变速功能，能为奔跑中的人做出很多影子，以达到重影的效果，效果如图 8-1 所示。

图 8-1 人物重影效果展示

扫码看效果

扫码看视频

下面介绍使用剪映 App 制作人物重影短视频的具体操作方法。

步骤 1 在剪映中导入视频素材，❶放大视频轨道；❷拖动时间轴至 5f 位置；❸依次点击“画中画”按钮和“新增画中画”按钮，如图 8-2 所示。

步骤 2 再次导入视频素材，在预览区域调整视频画面，使其铺满屏幕，如图 8-3 所示。

图 8-2 点击“新增画中画”按钮

图 8-3 调整视频画面

▷▷ 步骤 3　点击《按钮返回，❶拖动时间轴至 10f 位置；❷点击“新增画中画”按钮，如图 8-4 所示。

▷▷ 步骤 4　再次导入视频素材，❶在预览区域调整视频画面，使其铺满屏幕；❷依次点击“变速”按钮和“常规变速”按钮，如图 8-5 所示。

图 8-4　点击“新增画中画”按钮

图 8-5　点击“常规变速”按钮

▷▷ 步骤 5　进入“变速”界面后，拖动红色圆环滑块，将视频播放速度设置为3.0×，如图 8-6 所示。

▷▷ 步骤 6　用与上相同的操作方法将另外两段视频的播放速度也设置为 3.0×，❶选择第 1 段画中画视频轨道；❷点击“不透明度”按钮，如图 8-7 所示。

图 8-6　设置视频播放速度

图 8-7　点击“不透明度”按钮

▷▷ 步骤 7　进入“不透明度”界面后，向左拖动白色圆环滑块，将第 1 段画中画视频素材的不透明度设置为 50，如图 8-8 所示。

步骤 8 用与上相同的操作方法将第 2 段画中画视频素材的不透明度也设置为 50，点击一级工具栏中的“调节”按钮，如图 8-9 所示。

图 8-8 设置不透明度

图 8-9 点击“调节”按钮

步骤 9 ❶选择“亮度”选项；❷拖动白色圆环滑块，调整参数至 15，如图 8-10 所示。

步骤 10 ❶选择“对比度”选项；❷拖动白色圆环滑块，调整参数至 -10，如图 8-11 所示。

图 8-10 调整“亮度”参数

图 8-11 调整“对比度”参数

▷▷ 步骤 11 ❶选择“饱和度”选项；❷拖动白色圆环滑块，将参数调至 25，如图 8-12 所示。

▷▷ 步骤 12 ❶选择“光感”选项；❷拖动白色圆环滑块，将参数调至 -15，如图 8-13 所示。

图 8-12 调整“饱和度”参数

图 8-13 调整“光感”参数

▷▷ 步骤 13 ❶选择“高光”选项；❷拖动白色圆环滑块，将参数调整为-15,如图8-14所示。

▷▷ 步骤 14 ❶选择“色温”选项；❷拖动白色圆环滑块，将参数调整为-5,如图8-15所示。

图 8-14 调整“高光”参数

图 8-15 调整“阴影”参数

▷▷ 步骤 15 ❶选择“色调”选项；❷拖动白色圆环滑块，将参数调整为 -15，如图 8-16 所示。

▶▷ 步骤16 点击✓按钮返回，拖动调节轨道右侧的白色拉杆，调整调节的持续时长，使其与第2段画中画视频轨道对齐，如图8-17所示。添加合适的背景音乐，点击右上角的“导出”按钮，将视频导出。

图8-16 调整“色调”参数

图8-17 调整调节的持续时长

8.2 神奇错位：人物跳入水杯

【效果展示】：抖音上热门的人物跳入水杯消失不见的视频效果看起来很神奇，其实只需要拍摄一段人物跳起来的场景视频和一段水花溅起的场景视频，就可以在剪映中通过分割剪辑的方式，制作出人物跳入水杯的错觉，效果如图8-18所示。

图8-18 人物跳入水杯效果展示

扫码看效果

扫码看视频

下面介绍使用剪映 App 制作人物跳入水杯的操作方法。

▷▷ 步骤 1 打开剪映 App，导入拍好的视频素材，如图 8-19 所示。

▷▷ 步骤 2 将时间轴拖动至人物跳起来的位置处，如图 8-20 所示。

图 8-19 导入视频素材　　图 8-20 拖动时间轴

▷▷ 步骤 3 ❶选择视频素材；❷点击“分割”按钮，如图 8-21 所示。

▷▷ 步骤 4 执行上述操作后，即可分割视频，如图 8-22 所示。

图 8-21 点击“分割”按钮　　图 8-22 分割视频

▷▷ 步骤 5 将时间轴拖动至水花溅起的位置处，如图 8-23 所示。

▷▷ 步骤 6 ❶选择后一段视频素材；❷点击“分割”按钮，如图 8-24 所示。

图 8-23　拖动时间轴

图 8-24　点击“分割”按钮

▶▷ 步骤 7　执行操作后，即可分割视频，如图 8-25 所示。

▶▷ 步骤 8　❶选择分割出来的中间部分视频；❷点击“删除”按钮，如图 8-26 所示。点击“导出”即可导出视频。

图 8-25　分割视频

图 8-26　点击“删除”按钮

8.3　想吃美食：展示内心想法

【效果展示】：可以看到人物闭上眼后，许多画面从大快速缩小呈现在画面中，仿佛我们看到了人物的内心想法一样，效果如图 8-27 所示。

扫码看效果

扫码看视频

图 8-27　展示内心想法效果展示

下面介绍使用剪映 App 制作展示内心想法短视频的操作方法。

▶▷ 步骤 1　在剪映 App 中导入拍摄的视频素材，点击一级工具栏中的"音频"按钮，为视频添加合适的背景音乐，如图 8-28 所示。

▶▷ 步骤 2　❶拖动时间轴至人物闭上眼的位置；❷选择视频素材；❸点击下方工具栏中的"定格"按钮，如图 8-29 所示。

图 8-28　点击"音频"按钮　图 8-29　点击"定格"按钮

▶▷ 步骤 3　❶选择第 3 段视频素材；❷点击"删除"按钮，如图 8-30 所示。

▶▷ 步骤 4　❶选择第 1 段视频素材；❷拖动其右侧的白色拉杆，调整到合适的时长，如图 8-31 所示。

图 8-30　点击“删除”按钮　　图 8-31　设置第 1 段视频时长

▶▷ 步骤 5　❶选择第 2 段视频；❷拖动其右侧的白色拉杆，调整定格画面的持续时长，使其与音频轨道对齐，如图 8-32 所示。

▶▷ 步骤 6　❶拖动时间轴至第 2 段视频起始位置；❷依次点击“画中画”按钮和“新增画中画”按钮，如图 8-33 所示。

图 8-32　调整定格画面的持续时长　图 8-33　点击“新增画中画”按钮

▶▷ 步骤 7　导入一张照片素材，❶在混合模式菜单中选择“正片叠底”选项；❷设置“不透明度”的参数为 65；❸在预览区域中调整画中画素材的画面大小、角度和位置，如图 8-34 所示。

▶▷ 步骤 8　点击✓按钮返回，❶拖动画中画素材右侧的白色拉杆，将其时长设置为 0.4s；❷点击下方工具栏中的“动画”按钮，如图 8-35 所示。

图 8-34　调整画中画素材的画面大小

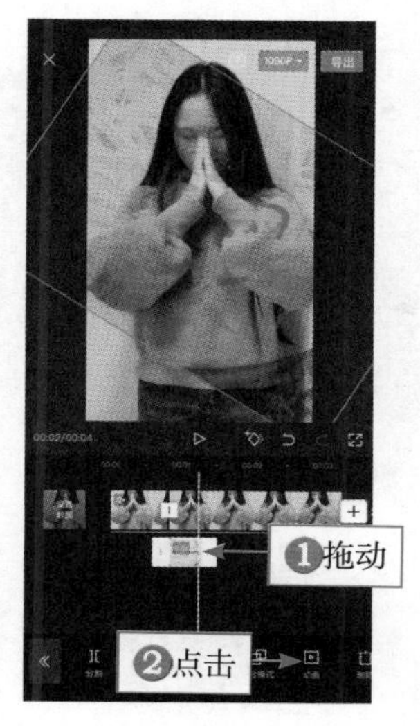

图 8-35　点击“动画”按钮

>> 专家提醒

不透明度的参数调整应根据照片的实际情况决定。

▶▷ 步骤 9　进入“入场动画”工具栏，选择“动感缩小”动画效果，如图 8-36 所示。

▶▷ 步骤 10　点击✓按钮添加动画效果，用与上相同的操作方法添加多段素材，直至背景音乐结束，如图 8-37 所示。

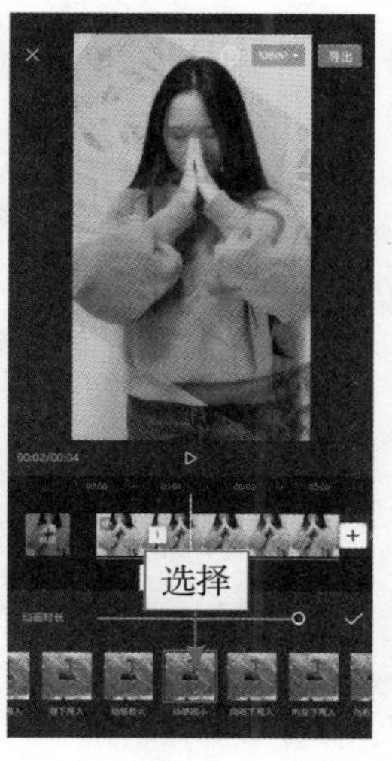

图 8-36　选择“动感缩小”动画效果

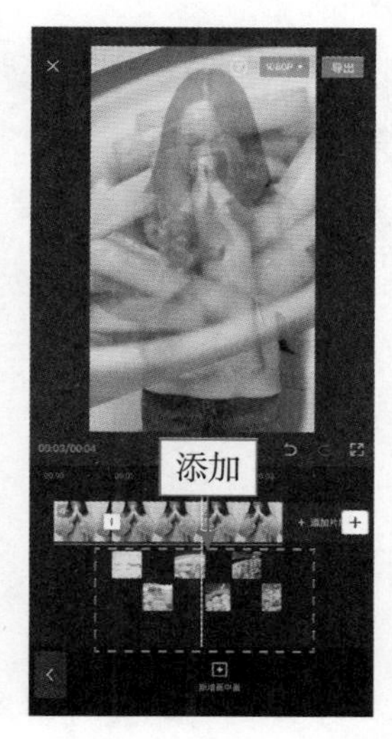

图 8-37　添加素材

8.4　分身特效：人物叠化出现

【效果展示】：在同一场景下，人物伴随着虚影不断地出现、消失，效果如图 8-38 所示。

图 8-38　人物叠化效果展示

扫码看效果　　　　扫码看视频

下面介绍在剪映 App 中制作人物叠化效果的具体操作方法。

▶▷ 步骤 1　在剪映 App 中导入视频素材，如图 8-39 所示。

▶▷ 步骤 2　❶ 选择第 1 个视频片段；❷切换至“变速”功能区，单击“常规变速”按钮，调整视频的播放倍速为 0.5×，如图 8-40 所示。

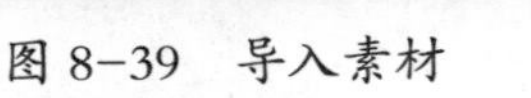

图 8-39　导入素材　　图 8-40　调整倍速

▶▷ 步骤 3　选择第 2 个视频片段，将倍速设为 0.5×，如图 8-41 所示。

▷▷ 步骤 4 将时间轴拖动至人物即将坐下的位置，对视频进行分割，如图 8-42 所示。

图 8-41 设置倍速

图 8-42 分割视频

▷▷ 步骤 5 将时间轴拖动至人物已经坐下的位置，对视频进行分割，如图 8-43 所示。

▷▷ 步骤 6 删除分割出来的片段，如图 8-44 所示。

图 8-43 分割视频

图 8-44 删除片段

▷▷ 步骤 7 切换至“转场”选项，❶选择“叠化”转场；❷并将“转场时长”设置为最长，如图 8–45 所示。

▶▷ 步骤 8　使用相同的办法，为两个视频片段添加“叠化”转场效果，并将“转场时长”设置为 1.5s，如图 8–46 所示。

图 8–45　选择“叠化”转场

添加

图 8–46　添加转场

▶▷ 步骤 9　将时间轴拖动至第 2 段视频人物准备坐下的位置，对视频进行分割处理，如图 8–47 所示。

▶▷ 步骤 10　将时间轴拖动至人物已经坐下的位置，对视频进行分割处理，如图 8–48 所示。

图 8–47　分割视频

图 8–48　分割视频

▶▷ 步骤 11 删除分割出来的视频，并在视频分割处添加同样的“叠化”转场效果，如图 8-49 所示。

▶▷ 步骤 12 将时间轴拖动至 20 s 附近，并对视频进行分割处理，如图 8-50 所示。

图 8-49 添加“叠化”转场

图 8-50 分割视频

▶▷ 步骤 13 将时间轴拖动至 25 s 附近，并对视频进行分割处理，删除分割出来的视频，如图 8-51 所示。

▶▷ 步骤 14 使用相同的办法将后面的视频片段之间添加“叠化”转场效果，并将“转场时长”设置为 1.5s，如图 8-52 所示。

图 8-51 分割视频 图 8-52 添加“叠化”转场

8.5 效果渐出：对比展示效果

【效果展示】：从原视频逐渐过渡到制作好的视频，让人直截了当地看到效果添加后的反差，效果如图 8-53 所示。

图 8-53　效果渐出效果展示

扫码看效果

扫码看视频

下面介绍在剪映 App 中制作效果渐出视频的操作方法。

步骤 1　在剪映 App 中导入原视频，如图 8-54 所示。

步骤 2　拖动时间轴至相应位置处，依次点击“画中画”按钮和“新增画中画”按钮，导入后期处理好的视频，如图 8-55 所示。

图 8-54　导入原视频　图 8-55　导入处理好的视频

步骤 3　❶在预览区域放大视频画面，使其铺满全屏；❷点击“蒙版”按钮，如图 8-56 所示。

步骤 4　进入“蒙版”界面，❶选择“线性”蒙版；❷在预览区域逆时针旋转蒙版至 -90°，如图 8-57 所示。

图 8-56　点击“蒙版”按钮　图 8-57　旋转蒙版

步骤 5 在预览区域将蒙版拖动至画面的最左侧，如图 8-58 所示。

步骤 6 ❶返回点击关键帧按钮；❷添加一个关键帧，如图 8-59 所示。

图 8-58 拖动蒙版

图 8-59 添加一个关键帧

步骤 7 ❶拖动时间轴至合适的位置；❷点击“蒙版”按钮，如图 8-60 所示。

步骤 8 在预览区域将蒙版拖动至画面的最右侧，如图 8-61 所示。执行上述操作后，调整画中画素材的时长，即可在预览区域中播放视频，查看制作的画面对比效果。

图 8-60 点击“蒙版”按钮

图 8-61 拖动蒙版

8.6 大变活人：扔出衣服变身

【效果展示】：抖音中热门视频扔衣服变身制作起来其实非常简单，在同一个机位下拍摄扔衣服和人物起跳落下的视频后，通过剪辑和增加视频转场的方式，就能制作出衣服扔出后人物马上换好的效果，效果如图 8-62 所示。

扫码看效果

扫码看视频

图 8-62　扔衣服变身效果展示

下面介绍在剪映 App 中制作扔衣服变身视频的操作方法。

步骤 1　在剪映 App 中导入两段视频素材，❶拖动时间轴至衣服落下的位置；❷选择第 1 段视频素材；❸点击下方工具栏中的"分割"按钮，如图 8-63 所示。

步骤 2　删除第 1 段视频后面多余的部分，❶选择第 2 段视频素材；❷拖动时间轴至人物即将落下的位置；❸点击"分割"按钮，如图 8-64 所示。

图 8-63　点击"分割"按钮（1）

图 8-64　点击"分割"按钮（2）

步骤 3　删除第 2 段视频前面的部分，进入"转场"界面，如图 8-65 所示。

步骤 4 ❶选择“特效转场”中的“放射”转场；❷将“转场时长”设为 0.3s，如图 8-66 所示。执行操作后，关闭视频原声，即可将视频导出。

图 8-65　进入“转场”界面

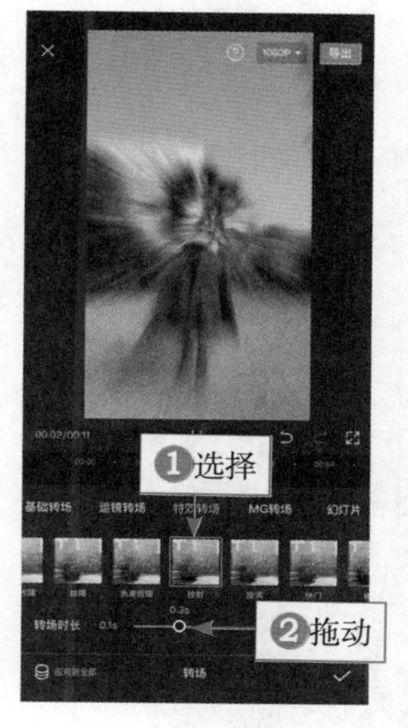

图 8-66　选择“放射”转场

8.7　排队前行：复制无数个我

【效果展示】：在剪映 App 中，使用镜面蒙版功能，可以制作同样的一个人一个接着一个，像排队一样向前走的视频，效果如图 8-67 所示。

图 8-67　排队前行效果展示

扫码看效果

扫码看视频

下面介绍在剪映App中制作人物一个接着一个排队前行的视频特效操作方法。

▶▷ 步骤 1　在剪映 App 中导入拍摄好的视频素材，❶拖动时间轴，找到人物即将出现的位置；❷选中视频素材；❸点击“分割”按钮，如图 8-68 所示。

▶▷ 步骤 2　执行操作后，点击下方工具栏中的“画中画”按钮，如图8-69所示。

图 8-68　点击“分割”按钮

图 8-69　点击“画中画”按钮

▶▷ 步骤 3　进入“画中画”界面后，❶选中后段视频素材；❷点击下方工具栏中的“切画中画”按钮，如图 8-70 所示。

▶▷ 步骤 4　执行操作后，拖动画中画轨道中的素材与视频轨中的素材左侧对齐，选中视频轨道上的素材，如图 8-71 所示。

图 8-70　点击“切画中画”按钮

图 8-71　拖动画中画轨道素材

▶▷ 步骤 5　拖动视频右侧的白色拉杆，还原视频时长，如图 8-72 所示。

▶▷ 步骤 6　执行操作后，拖动时间轴至起始位置，选中画中画轨道中的素材，点击关键帧按钮，如图 8-73 所示。

图 8-72　还原视频长度

图 8-73　点击相应按钮

▶▷ 步骤 7　执行操作后，点击“蒙版”按钮，进入“蒙版”界面，选择“镜面”蒙版，如图 8-74 所示。

▶▷ 步骤 8　在预览区域中 90° 旋转蒙版，并将蒙版调整到人物出现的位置，如图 8-75 所示。

图 8-74　选择“镜面”蒙版

图 8-75　调整蒙版位置

▶▷ 步骤 9　点击✓按钮返回，❶拖动时间轴至相应位置；❷点击工具栏中的“蒙版”按钮，在预览区域中调整蒙版位置，使人物完全显示出来，如图 8-76 所示。

步骤 10 执行操作后，画中画轨道中的素材将会自动生成相应的关键帧，用同样的操作方法，为画中画轨道中的素材添加其他关键帧，如图 8-77 所示。

图 8-76 调整蒙版位置

图 8-77 添加多个关键帧

步骤 11 ①点击下方工具栏中的“复制”按钮；②在画中画轨道上会再生成一个同样的视频，如图 8-78 所示。

步骤 12 将复制的视频拖动至第 2 条画中画轨道中并调整其起始位置，使两个人物完全显示出来，如图 8-79 所示。

图 8-78 生成画中画轨道

图 8-79 调整视频的起始位置

步骤 13 想要做成几个人走路，只需用与以上相同的操作方法多复制几层，并调整到合适的起始位置即可，点击一级工具栏中的“调节”按钮，如图 8-80 所示。

▶▷ 步骤 14 ❶选择“亮度”选项；❷调整参数至 -8，如图 8-81 所示。

图 8-80 点击“调节”按钮

图 8-81 调整“亮度”参数

▶▷ 步骤 15 ❶选择“对比度”选项；❷拖动白色圆环滑块，调整参数至 -5，如图 8-82 所示。

▶▷ 步骤 16 ❶选择“饱和度”选项；❷拖动白色圆环滑块，调整参数至 12，如图 8-83 所示。

图 8-82 调整“对比度”参数

图 8-83 调整“饱和度”参数

▶▷ 步骤 17 ❶选择“光感”选项；❷拖动白色圆环滑块，将参数调至 −11，如图 8−84 所示。

▶▷ 步骤 18 ❶选择“锐化”选项；❷拖动白色圆环滑块，将参数调至 10，如图 8−85 所示。

图 8−84 调整“光感”参数

图 8−85 调整“锐化”参数

▶▷ 步骤 19 ❶选择“高光”选项；❷拖动白色圆环滑块，将参数调整为 −15，如图 8−86 所示。

▶▷ 步骤 20 ❶选择“色温”选项；❷拖动白色圆环滑块，将参数调整为 −10，如图 8−87 所示。

图 8−86 调整“高光”参数

图 8−87 调整“色温”参数

▶▷ 步骤 21 ❶选择“色调”选项；❷拖动白色圆环滑块，将参数调整为 -6，如图 8-88 所示。

▶▷ 步骤 22 点击✓按钮返回，拖动调节轨道右侧的白色拉杆，调整调节的持续时长，使其与第 2 段画中画视频轨道对齐，如图 8-89 所示。添加合适的背景音乐，点击右上角的“导出”按钮，即可导出视频。

图 8-88 调整“色调”参数

图 8-89 调整调节轨道的持续时长

第9章 打造快手热门视频

在快手短视频平台中，许多热门视频看似制作难度很大，实际上都能用手机轻松制作出来。本章将介绍使用剪映 App 制作地面塌陷、反转世界、天空变化、灵魂出窍及抠图转场等 12 个特效短视频的制作方法。

9.1　地面塌陷：绿幕色度抠图

【效果展示】：在剪映 App 中使用绿幕素材，通过画中画功能及剪辑手法，可以制作出“地面塌陷，人物掉落”的短视频效果，如图 9-1 所示。

图 9-1　地面塌陷效果展示

扫码看效果

扫码看视频

下面介绍使用剪映 App 制作人物掉进地面塌陷空洞短视频的具体操作方法。

▶▷ 步骤 1　在剪映 App 中导入拍摄好的两个视频素材，依次点击“画中画”按钮和“新增画中画”按钮，如图 9-2 所示。

▶▷ 步骤 2　切换至“素材库”中的“绿幕”选项卡，❶选择地面塌陷绿幕素材；❷点击“添加”按钮，如图 9-3 所示。

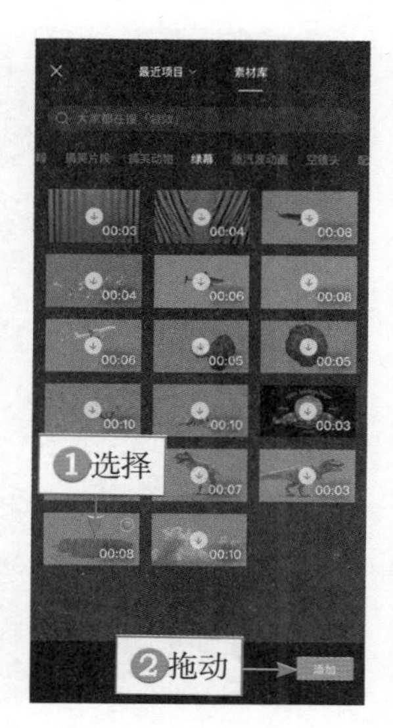

图 9-2　点击“新增画中画”按钮　图 9-3　点击“添加”按钮

▶▷ 步骤 3　执行操作后，点击下方工具栏中的“色度抠图”按钮，如图 9-4 所示。

▶▷ 步骤 4　进入“色度抠图”界面后，拖动预览区域中的圆圈，选择需要抠除的颜色，如图 9-5 所示。

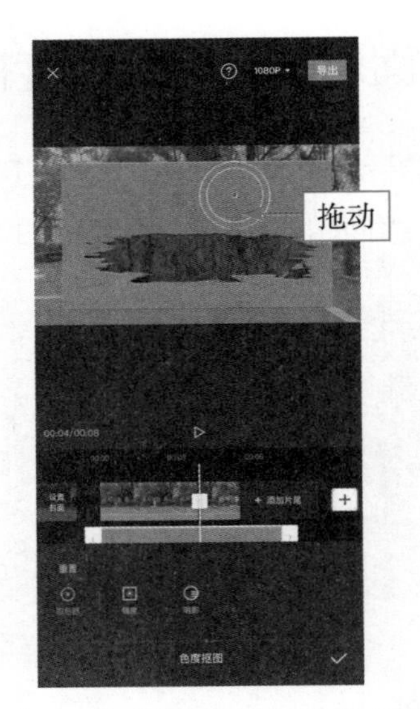

图 9-4　点击"色度抠图"按钮　　图 9-5　选择需要抠除的颜色

▶▷ 步骤 5　❶选择"强度"选项；❷拖动白色圆圈滑块至 88，如图 9-6 所示。

▶▷ 步骤 6　❶选择"阴影"选项；❷拖动白色圆圈滑块至 70，如图 9-7 所示。

图 9-6　设置"强度"参数　　图 9-7　设置"阴影"参数

▶▷ 步骤 7　点击✓按钮返回，在预览区域合理调整地面塌陷素材的大小及位置，如图 9-8 所示。

▶▷ 步骤 8　点击«按钮返回，点击"新增画中画"按钮，导入人物掉落的残影素材，点击下方工具栏中的“混合模式”按钮，如图 9-9 所示。

图 9-8　调整素材位置及大小　　　图 9-9　点击“混合模式”按钮

▶▷ 步骤 9　在混合模式菜单中，选择“正片叠底”选项，如图 9-10 所示。

▶▷ 步骤 10　点击✓按钮返回，在预览区域中，将残影素材拖动至人物下方，如图 9-11 所示。

图 9-10　选择“正片叠底”选项　　图 9-11　拖动残影素材至人物下方

▶▷ 步骤 11　❶选中人物走路的视频素材；❷点击“分割”按钮，如图 9-12 所示。

▶▷ 步骤 12 执行操作后，删除后段人物走路的视频素材，如图 9-13 所示。点击“导出”按钮，即可导出并播放预览视频。

图 9-12 点击“分割”按钮

图 9-13 点击“删除”按钮

>> 专家提醒

在使用剪映 App 制作时，用户需要拍摄两段视频素材，第 1 段视频素材需要拍摄人物正常走路的画面，第 2 段视频素材需要保持镜头机位不变，拍摄一个没有人物的空场景。

9.2 人物消失：粒子特效合成

【效果展示】：人物变成粒子消失是利用粒子特效合成制作出来的一种非常有趣的短视频，效果如图 9-14 所示。

图 9-14 人物消失效果展示

扫码看效果

扫码看视频

下面介绍使用剪映 App 制作人物变成粒子消失短视频的具体操作方法。

▶▷ 步骤 1　在剪映 App 中按顺序导入拍摄的视频素材，点击两个视频中间的 | 按钮，如图 9-15 所示。

▶▷ 步骤 2　进入“转场”编辑界面，在“基础转场”选项卡中选择“叠化”转场，如图 9-16 所示。

图 9-15　点击相应按钮　图 9-16　选择“叠化”转场

▶▷ 步骤 3　执行操作后，拖动“转场时长”右侧的白色滑块，将“转场时长”设置为 1.0s，如图 9-17 所示。

▶▷ 步骤 4　点击 ✓ 按钮返回，❶拖动时间轴至人物即将消失的位置；❷点击“画中画”按钮，如图 9-18 所示。

图 9-17　设置转场时长　图 9-18　点击“画中画”按钮

▶▷ 步骤5 点击“新增画中画”按钮，❶导入粒子素材，点击“混合模式”按钮；❷在混合模式菜单中选择“滤色”选项，如图 9-19 所示。

▶▷ 步骤6 点击✓按钮返回，在预览区域适当调整粒子素材的位置和大小，如图 9-20 所示。

图 9-19　选择“滤色”选项

图 9-20　调整粒子素材

▶▷ 步骤7 ❶选择粒子消散素材并将时间轴拖动至合适位置；❷点击“分割”按钮，效果如图 9-21 所示。

▶▷ 步骤8 删除多余的粒子素材，选择第 2 段视频，调整视频长度，效果如图 9-22 所示。添加合适的背景音乐，点击“导出”按钮，即可导出视频。

图 9-21　点击“分割”按钮

图 9-22　调整第 2 段视频

9.3　控水魔术：让水漂浮空中

【效果展示】：超燃、超酷的控水魔术看似很难制作，但只要两步就能轻松制作出来，效果如图 9-23 所示。

图 9-23　控水魔术效果展示

扫码看效果

扫码看视频

下面介绍使用剪映 App 制作控水魔术短视频的具体操作方法。

▶▷ 步骤 1　在剪映 App 中导入拍摄的视频素材，❶拖动时间轴至人物挤压水瓶的位置；❷点击“画中画”按钮，导入水喷出的视频素材；❸点击“混合模式”按钮，如图 9-24 所示。

▶▷ 步骤 2　打开混合模式菜单后，❶选择“滤色”选项；❷在预览区域适当调整素材的位置和大小，如图 9-25 所示。点击右上角的“导出”按钮，即可导出并播放预览视频。

图 9-24　点击“混合模式”按钮

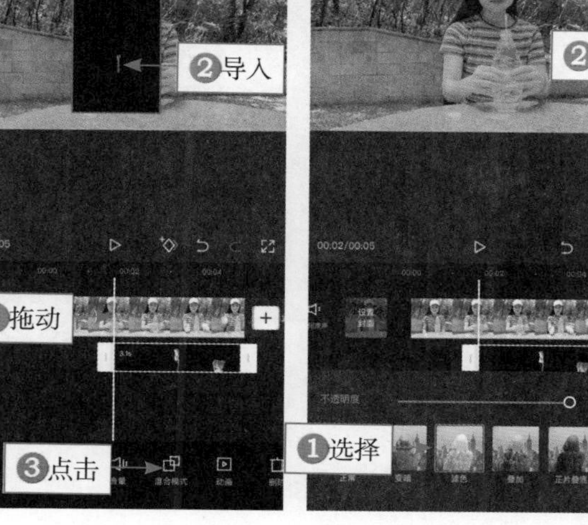

图 9-25　调整素材

9.4　变静为动：照片转变视频

【效果展示】：照片也能呈现出电影大片的效果，只需为照片打两个关键帧，就能让照片变视频，效果如图 9–26 所示。

图 9–26　变静为动效果展示

扫码看效果

扫码看视频

下面介绍使用剪映 App 制作全景照片变短视频效果的具体操作方法。

▶▷ 步骤 1　在剪映 App 中导入全景照片，点击“比例”按钮，如图 9–27 所示。

▶▷ 步骤 2　打开比例菜单后，选择 16:9 选项，如图 9–28 所示。

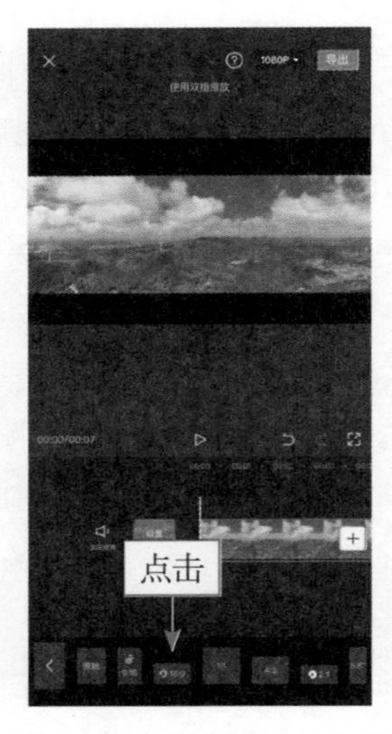

图 9–27　点击“比例”按钮　图 9–28　选择 9:16 选项

▶▷ 步骤 3　❶选中视频轨道；❷在预览区域放大视频画面并调整至合适位置，作为视频的片头画面，如图 9–29 所示。

▶▷ 步骤 4　拖动视频轨道右侧的白色拉杆，适当调整视频素材的播放时长，如图 9–30 所示。

图 9-29　调整视频画面

图 9-30　调整播放时长

▶▷ 步骤 5　执行操作后，❶拖动时间轴至视频轨道的起始位置；❷点击关键帧按钮，添加关键帧，如图 9-31 所示。

▶▷ 步骤 6　执行操作后，❶拖动时间轴至视频轨道的结束位置；❷在预览区域调整视频画面至合适位置，作为视频的结束画面；❸关键帧自动生成，如图 9-32 所示。

图 9-31　添加关键帧

图 9-32　生成关键帧

▶▷ 步骤 7　点击《按钮返回，点击“音频”按钮，导入合适的音乐，如图 9-33 所示。

▶▷ 步骤 8　执行操作后，❶拖动时间轴至视频轨道的结束位置；❷选中音频轨道；❸点击"分割"按钮，删除多余的音频素材，如图 9-34 所示。点击"导出"按钮，即可导出视频。

图 9-33　导入背景音乐

图 9-34　点击"分割"按钮

9.5　反转世界：制作镜像合成

【效果展示】："反转世界"是短视频中非常火爆的一种短视频，在剪映 App 中使用视频的编辑功能就能制造出镜像世界的效果，效果如图 9-35 所示。

图 9-35　反转世界效果展示

扫码看效果

扫码看视频

下面介绍使用剪映 App 制作“反转世界”镜像特效的操作方法。

▶▷ 步骤 1 在剪映 App 中导入一个视频素材，点击“比例”按钮，如图 9–36 所示。

▶▷ 步骤 2 进入比例菜单后，选择 9 ： 16 选项，调整显示比例，如图 9–37 所示。

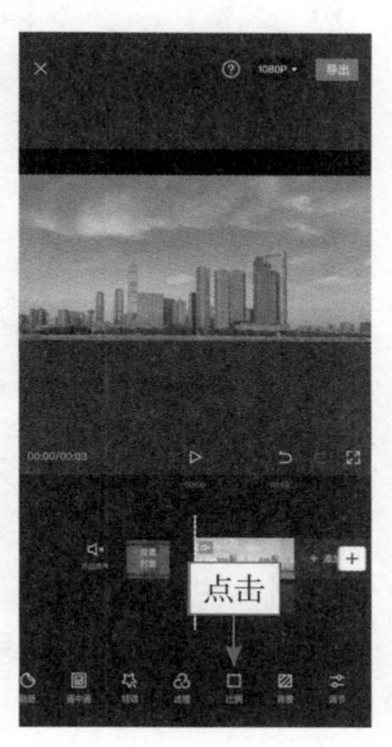

图 9–36 点击“比例”按钮

图 9–37 选择 9 ： 16 选项

▶▷ 步骤 3 点击“画中画”按钮，再次导入相同的视频素材，如图 9–38 所示。

▶▷ 步骤 4 点击底部的“编辑”按钮，如图 9–39 所示。

图 9–38 导入相同的视频素材

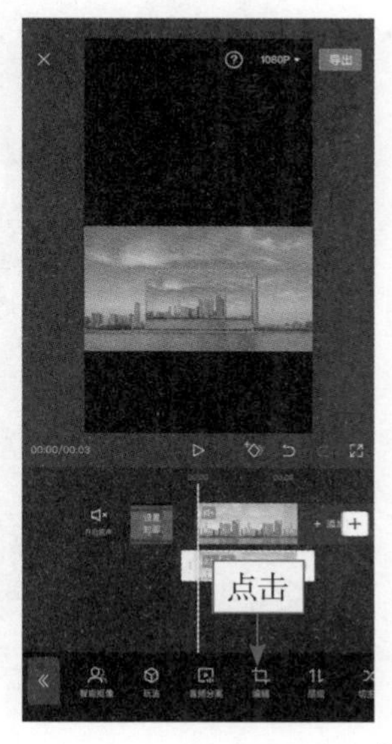

图 9–39 点击“编辑”按钮

▶▷ 步骤 5 进入编辑界面后，连续点击两次“旋转”按钮，旋转视频画面，如图 9-40 所示。

▶▷ 步骤 6 点击“镜像”按钮，水平翻转视频画面，如图 9-41 所示。

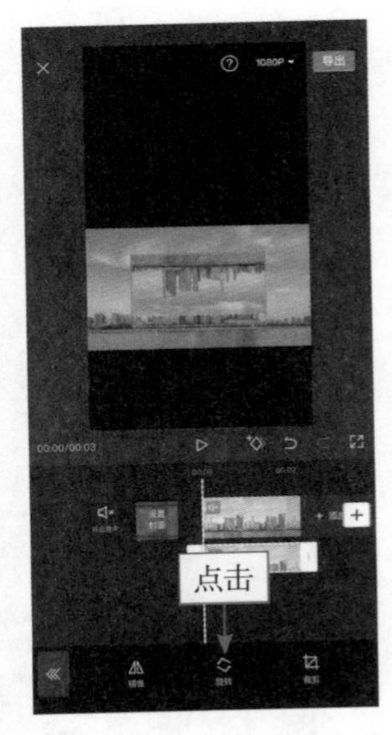

图 9-40 旋转视频画面

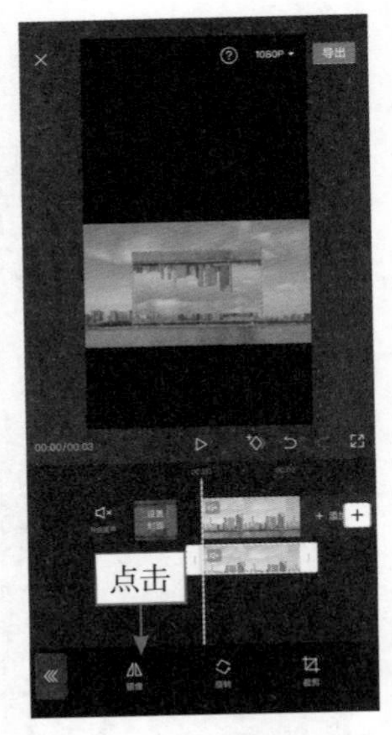

图 9-41 水平翻转视频画面

▶▷ 步骤 7 调整画中画视频的大小和位置，如图 9-42 所示。

▶▷ 步骤 8 完成“逆世界”镜像特效的效果，如图 9-43 所示。

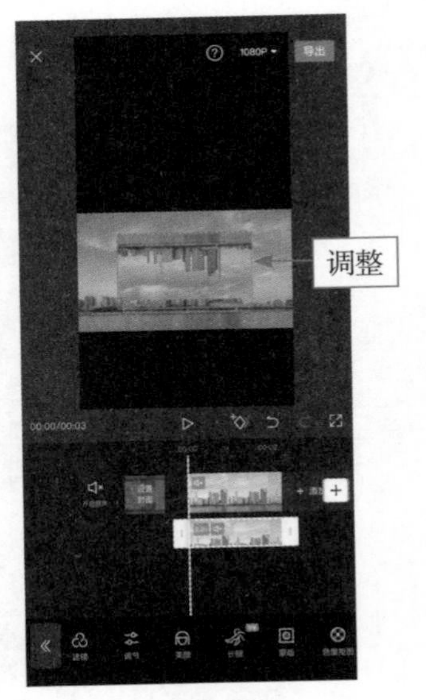

图 9-42 调整视频画面

图 9-43 完成镜像视频特效

▶▷ 步骤 9　❶选择画中画视频；❷点击“蒙版”按钮，如图 9-44 所示。

▶▷ 步骤 10　❶选择“线性”蒙版；❷调整线性蒙版的位置，使两个视频之间自然过渡，如图 9-45 所示。点击“导出”按钮，即可导出视频。

图 9-44　点击“蒙版”按钮

图 9-45　完成镜像视频特效

9.6　天空变化：一秒替换星空

【效果展示】：在剪映 App 中只需要一段好看的星空素材，就能通过混合模式将视频素材的天空替换成漂亮的星空，效果如图 9-46 所示。

图 9-46　天空变化效果展示

扫码看效果

扫码看视频

下面介绍使用剪映 App 制作“替换星空”短视频的具体操作方法。

步骤 1 在剪映 App 中导入视频素材，依次点击“画中画”按钮和“新增画中画”按钮，导入星空素材，如图 9-47 所示。

步骤 2 调整星空素材的位置和大小，盖住整个天空部分，如图 9-48 所示。

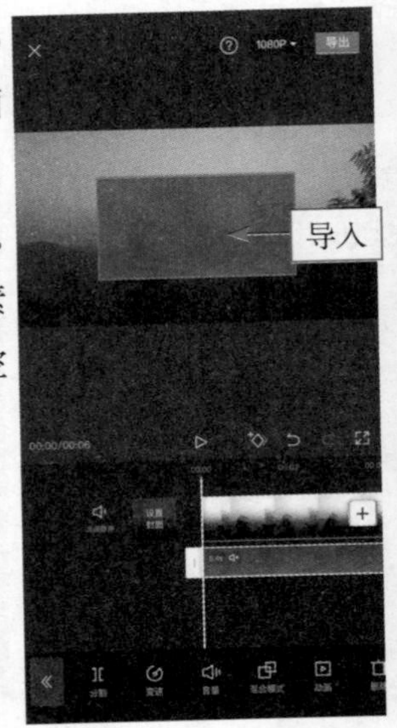

图 9-47 导入星空素材

图 9-48 调整星空素材

步骤 3 点击底部的“混合模式”按钮，打开混合模式菜单后，选择“变暗”选项，如图 9-49 所示。

步骤 4 调整“不透明度”参数为 80，使画面更加契合，如图 9-50 所示。点击右上角的“导出”按钮，即可导出视频。

图 9-49 选择“变暗”选项

图 9-50 调整“不透明度”参数

9.7 灵魂出窍：更改不透明度

【效果展示】："灵魂出窍"是一种非常神奇的短视频效果，在剪映 App 中使用不透明度功能就能轻松做出，效果如图 9-51 所示。

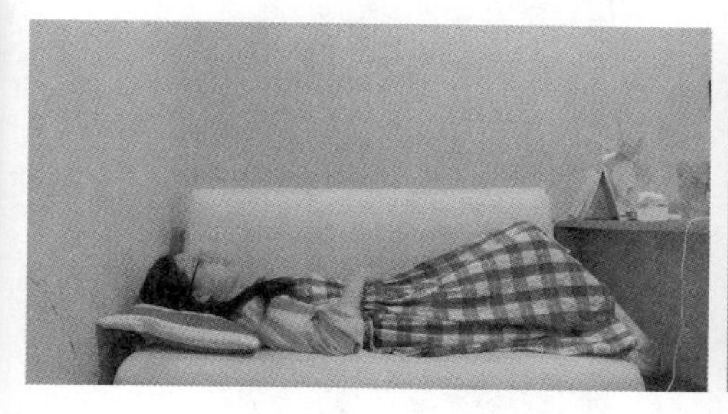
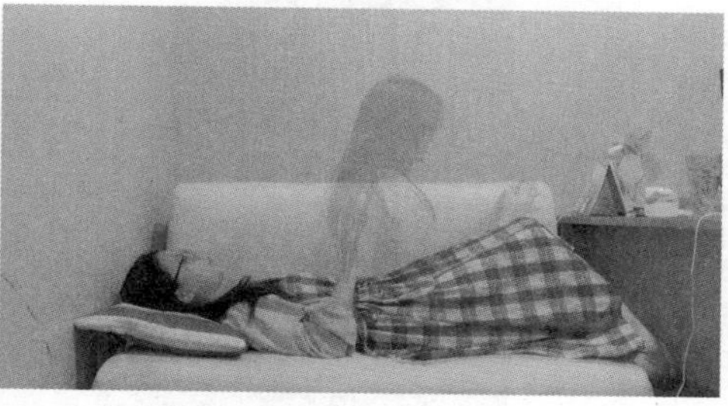

图 9-51　灵魂出窍效果展示

扫码看效果

扫码看视频

下面介绍使用剪映 App 制作"灵魂出窍"画面特效的操作方法。

▶▷ 步骤 1　在剪映 App 中导入一个视频素材，如图 9-52 所示。

▶▷ 步骤 2　将时间轴拖动至人物即将起身的位置，如图 9-53 所示。

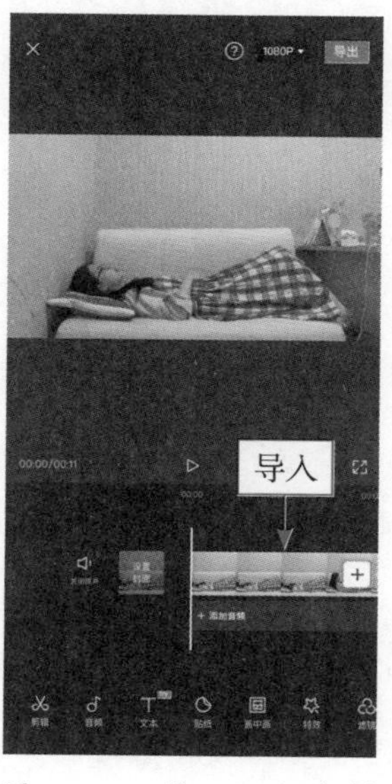

图 9-52　导入视频素材

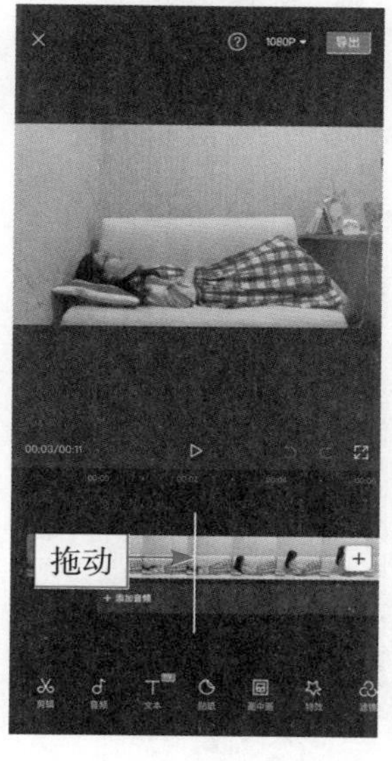

图 9-53　拖动时间轴

▶▷ 步骤 3 选择视频，点击“分割”按钮，如图 9-54 所示。

▶▷ 步骤 4 点击“画中画”按钮，然后选择第 2 段视频，如图 9-55 所示。

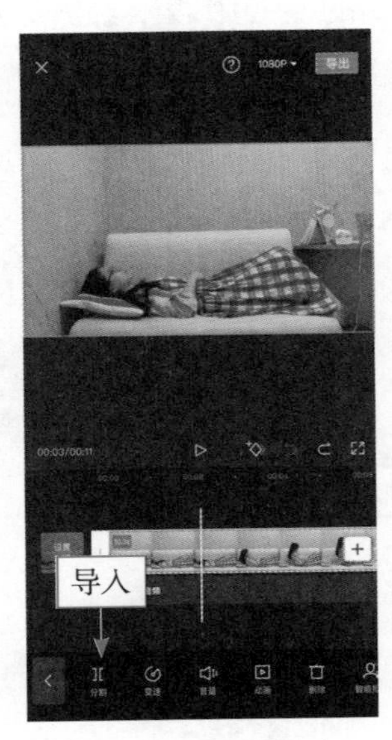

图 9-54 分割视频

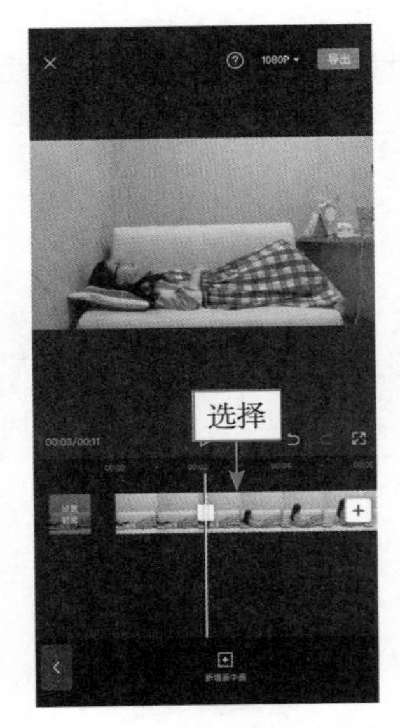

图 9-55 选择第 2 段视频

▶▷ 步骤 5 点击“切画中画”按钮，如图 9-56 所示。

▶▷ 步骤 6 调整画中画视频的位置，使其与视频轨中的第 1 段视频对齐，多次复制第 1 段视频，使主轨道视频长度与画中画视频长度保持一致，如图 9-57 所示。

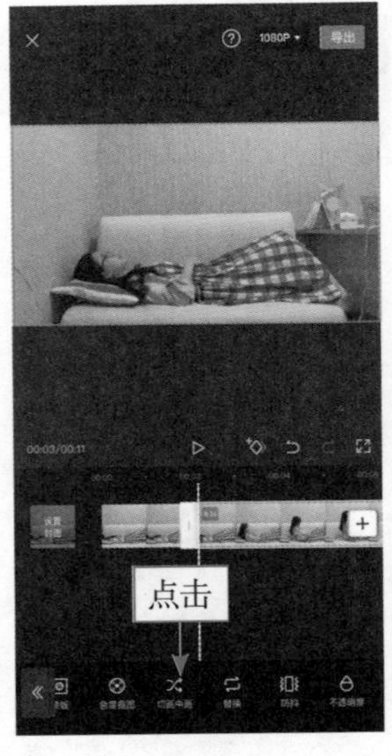

图 9-56 点击“切画中画”按钮

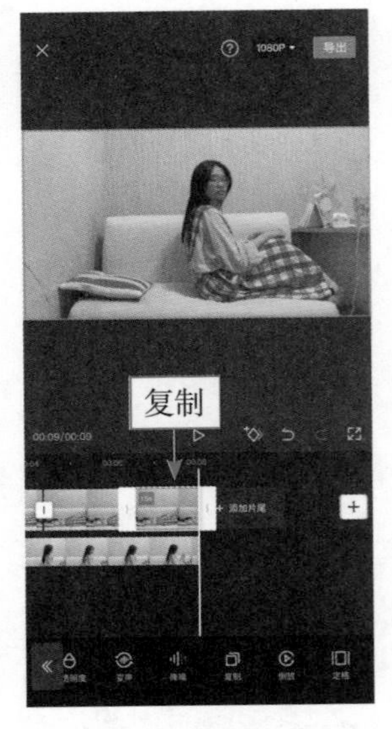

图 9-57 复制第 1 段视频

▶▷ 步骤 7 ❶选择画中画视频；❷点击"不透明度"按钮，如图 9–58 所示。

▶▷ 步骤 8 拖动白色圆圈滑块，设置"不透明度"参数为 30，如图 9–59 所示。点击右上角的"导出"按钮，即可导出视频。

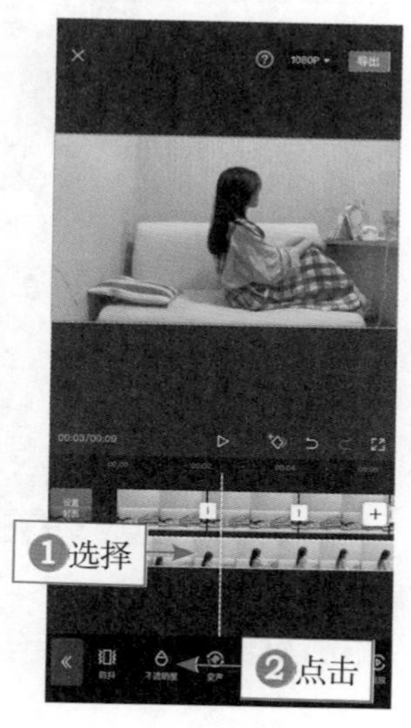

图 9–58 点击"不透明度"按钮

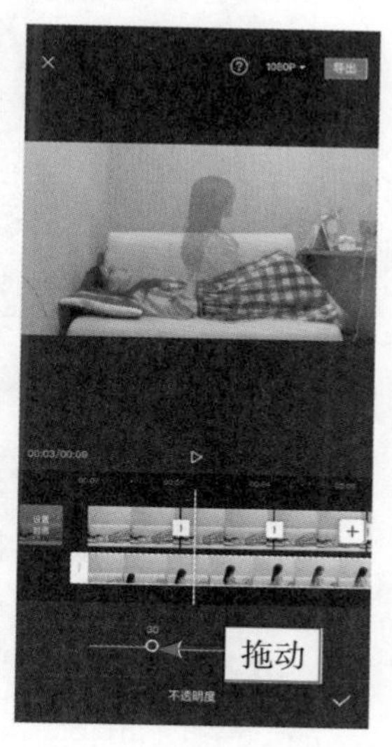

图 9–59 设置"不透明度"参数

9.8 切割转场：时空交错出现

【效果展示】：线条切割转场是通过添加镜面蒙版和线性蒙版制作而成的一种转场效果，如图 9–60 所示。

图 9–60 切割转场效果展示

扫码看效果

扫码看视频

下面介绍使用剪映 App 制作线条切割转场短视频的操作方法。

▶▷ 步骤 1 在剪映 App 中导入一段素材，依次点击“画中画”按钮和“新增画中画”按钮，如图 9-61 所示。

▶▷ 步骤 2 进入“最近项目”界面，切换至“素材库”界面，如图 9-62 所示。

图 9-61 点击“新增画中画”按钮

图 9-62 切换至“素材库”界面

▶▷ 步骤 3 ❶在“黑白场”选项卡中选择一个剪映系统自带的白色背景素材；❷点击“添加”按钮，如图 9-63 所示。

▶▷ 步骤 4 导入白色背景素材，❶在预览区域放大画面，使其占满屏幕；❷点击工具栏中的“蒙版”按钮，如图 9-64 所示。

图 9-63 点击“添加”按钮

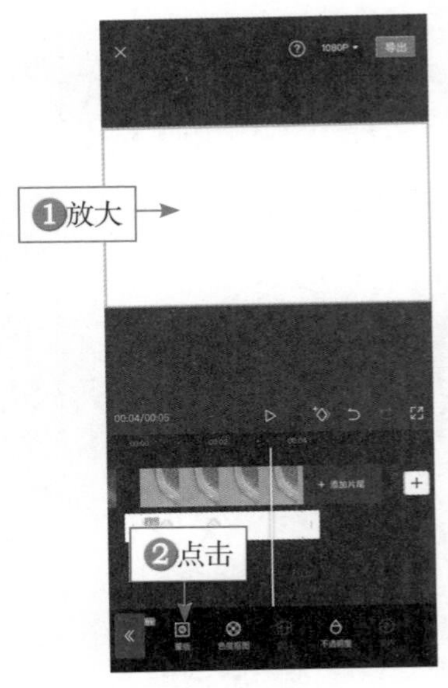

图 9-64 点击“蒙版”按钮

▶▷ 步骤 5 进入“蒙版”界面后，❶选择“镜面”蒙版；❷在预览区域将镜面蒙版缩小成线条，并调整至想要分割的位置，如图 9-65 所示。

▶▷ 步骤 6 点击✓按钮返回，❶拖动时间轴至 1 秒的位置；❷点击关键帧按钮，如图 9-66 所示。

图 9-65 调整蒙版位置

图 9-66 点击相应按钮

▶▷ 步骤 7 执行操作后，❶拖动时间轴至起始位置；❷在预览区域将线条向上拖动，直至移出画面；❸关键帧自动生成；❹点击“导出”按钮，如图 9-67 所示。

▶▷ 步骤 8 执行操作后，显示导出进度，如图 9-68 所示。

图 9-67 点击“导出”按钮

图 9-68 显示导出进度

▶▷ 步骤 9 导出完成后，返回主界面，点击“开始创作”按钮，如图 9–69 所示。

▶▷ 步骤 10 导入第 2 个素材，用与上相同的操作方法，为其制作一条从左向右移动的线条，如图 9–70 所示。

图 9–69 点击“开始创作”按钮　　图 9–70 制作移动的线条

▶▷ 步骤 11 ❶向右拖动画中画轨道中的素材，使其时长与视频轨中的素材保持一致；❷点击“导出”按钮，如图 9–71 所示。

▶▷ 步骤 12 导出第 2 个添加白色线条的素材后，在剪映主界面中点击“开始创作”按钮，❶导入第 2 个添加线条的素材；❷依次点击“画中画”按钮和“新增画中画”按钮，如图 9–72 所示。

图 9–71 点击“导出”按钮　　图 9–72 点击“新增画中画”按钮

▶▷ 步骤 13 ❶导入第 1 个添加线条的素材；❷在预览区域放大画面，使其占满全屏；❸拖动时间轴至线条完全出来的位置；❹点击“分割”按钮，如图 9-73 所示。

▶▷ 步骤 14 ❶选择分割出来的后段部分；❷点击“蒙版”按钮，如图 9-74 所示。

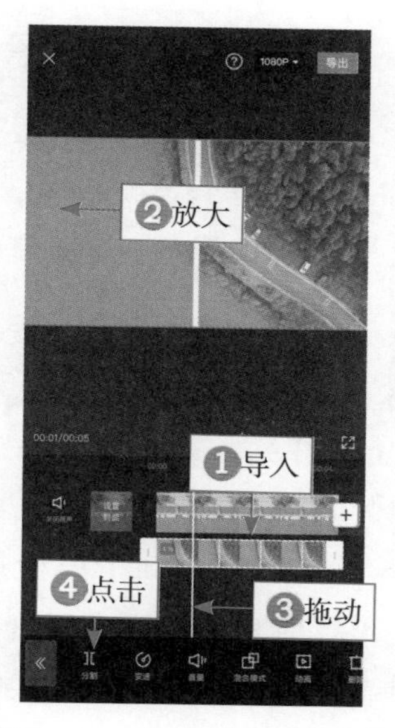

图 9-73 点击“分割”按钮

图 9-74 点击“蒙版”按钮

▶▷ 步骤 15 进入“蒙版”界面，❶选择“线性”蒙版；❷在预览区域 90° 旋转蒙版并调整蒙版的位置，如图 9-75 所示。

▶▷ 步骤 16 点击✓按钮返回，点击“复制”按钮，如图 9-76 所示。

图 9-75 调整蒙版位置

图 9-76 点击“复制”按钮

▶▷ 步骤 17　拖动复制的素材至第 2 条画中画轨道上，❶选择复制的素材；❷点击“蒙版”按钮，如图 9-77 所示。

▶▷ 步骤 18　点击“反转”按钮，如图 9-78 所示。

图 9-77　点击“蒙版”按钮

图 9-78　点击“反转”按钮

▶▷ 步骤 19　点击✓按钮返回，❶拖动时间轴至两段画中画素材的起始位置；❷点击◇按钮，分别为两段画中画素材添加一个关键帧，如图 9-79 所示。

▶▷ 步骤 20　❶拖动时间轴至 2 秒的位置；❷选择第 1 条画中画轨道中的第 2 段素材；❸在预览区域将其向右拖动，移出画面；❹自动生成一个关键帧，如图 9-80 所示。

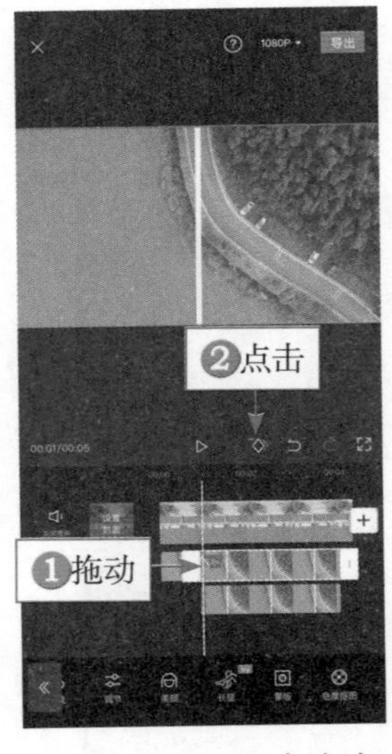

图 9-79　添加关键帧

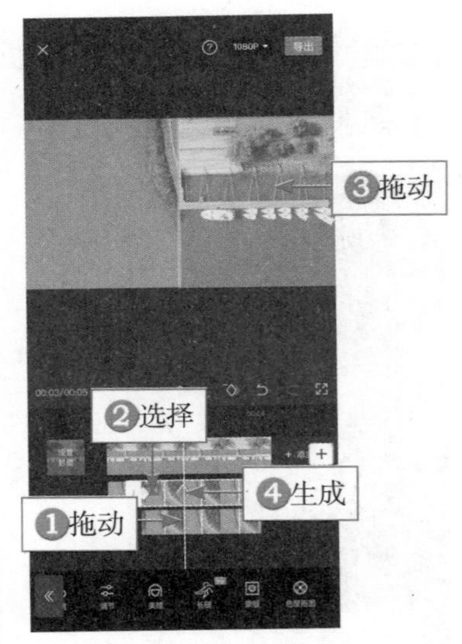

图 9-80　关键帧自动生成（1）

▶▷ 步骤 21　❶选择第 3 条画中画轨道中的素材；❷在预览区域调整其画面的位置，将其向左拖动，移出画面；❸自动生成一个关键帧，如图 9-81 所示。

▶▷ 步骤 22 ❶拖动时间轴至横向线条完全出来的位置；❷选择视频轨上的素材；❸点击“分割”按钮；❹并调整画中画轨道素材的持续时长，如图 9-82 所示。

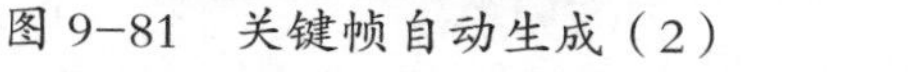

图 9-81　关键帧自动生成（2）　　图 9-82　点击“分割”按钮

▶▷ 步骤 23 ❶在视频轨道上选择第 2 段素材；❷点击“切画中画”按钮，如图 9-83 所示。

▶▷ 步骤 24 点击[+]按钮，导入第 3 个视频素材，用与上相同的操作方法，为其余的素材制作线条分割效果，如图 9-84 所示。

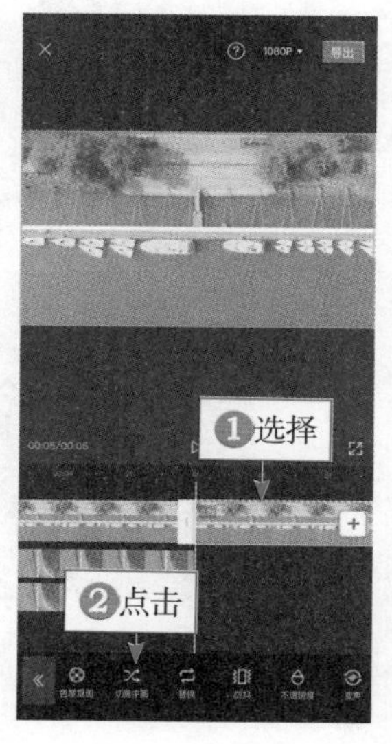

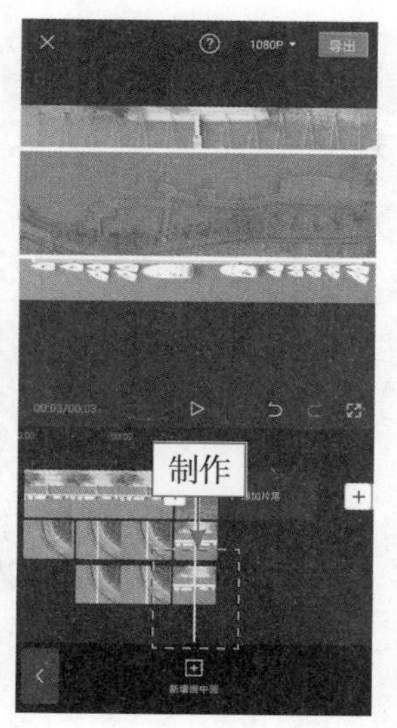

图 9-83　点击“切画中画”按钮　　图 9-84　为其余素材制作效果

9.9 翻盖转场：旋转圆形转场

【效果展示】：开盖转场是通过圆形蒙版把画面中的圆形图案抠出做旋转处理的一种转场方式，效果如图 9-85 所示。

图 9-85　翻盖转场效果展示

扫码看效果　　扫码看视频

下面介绍使用剪映 App 制作开盖转场短视频的操作方法。

▶▷ 步骤 1　在剪映 App 中导入有圆形图案的素材，依次点击“画中画”按钮和“新增画中画”按钮，如图 9-86 所示。

▶▷ 步骤 2　❶再次导入有圆形图案的素材；❷在预览区域调整画面大小，将其放大至全屏，如图 9-87 所示。

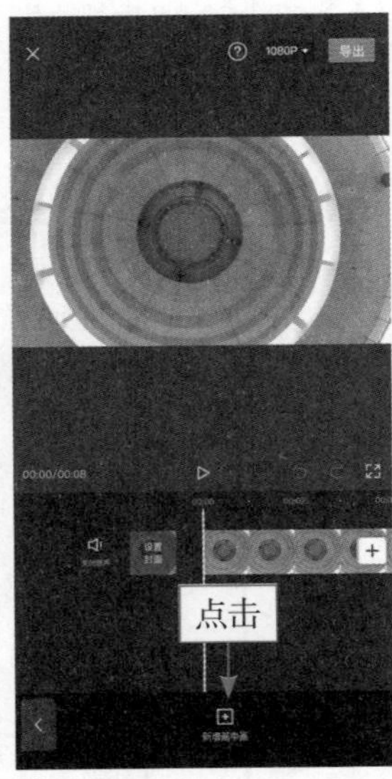

图 9-86　点击“新增画中画”按钮　图 9-87　调整画面大小

▶▷ 步骤 3　点击工具栏中的“蒙版”按钮，如图 9-88 所示。

步骤4　进入"蒙版"界面后，❶选择"圆形"蒙版；❷在预览区域调整蒙版的位置和大小，使其与画面中的圆形图案重合；❸点击"反转"按钮，如图 9-89 所示。

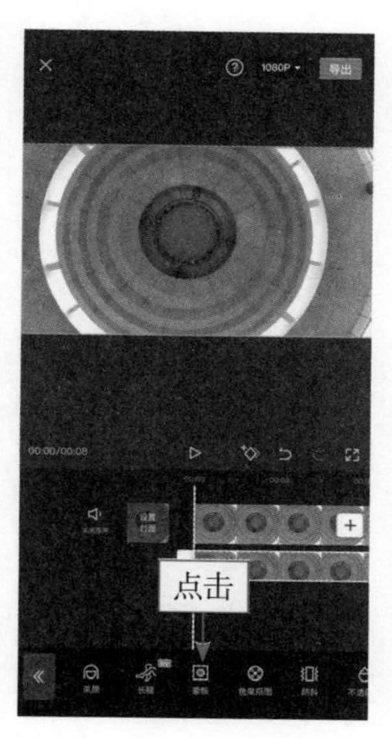

图 9-88　点击"蒙版"按钮

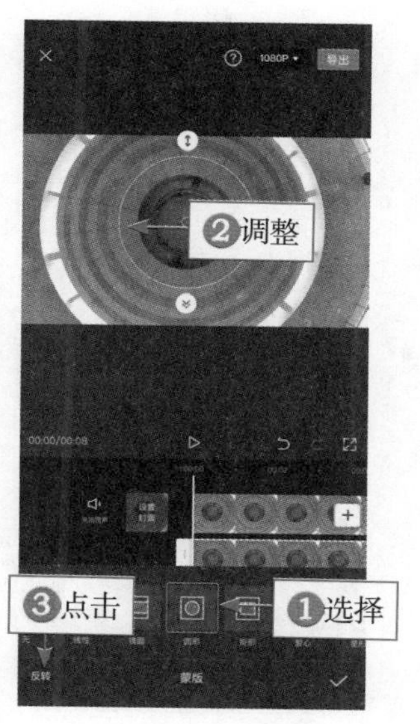

图 9-89　点击"反转"按钮

步骤5　点击✓按钮添加蒙版，点击工具栏中的"复制"按钮，如图 9-90 所示。

步骤6　选择复制出来的第 2 段画中画素材，将其拖动至第 2 条画中画轨道中，如图 9-91 所示。

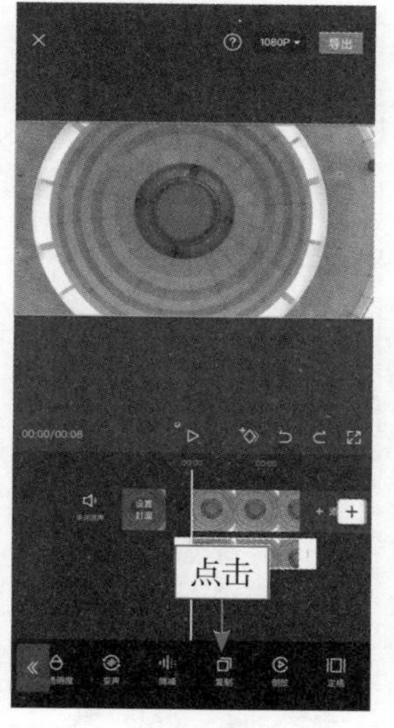

图 9-90　点击"复制"按钮

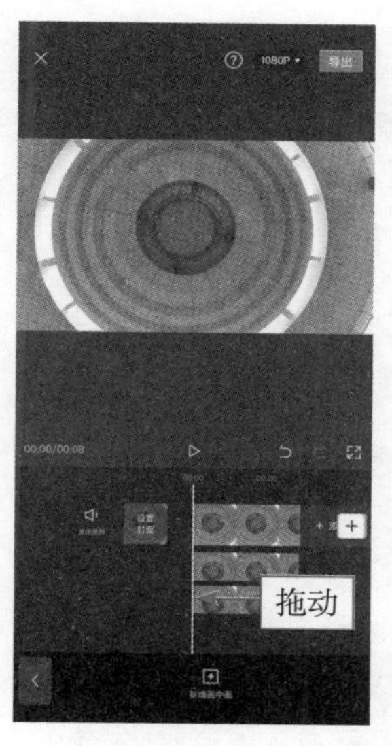

图 9-91　拖动画中画素材

步骤 7　❶选择第 2 段画中画素材；❷点击“蒙版”按钮，如图 9-92 所示。

步骤 8　点击“反转”按钮，如图 9-93 所示。

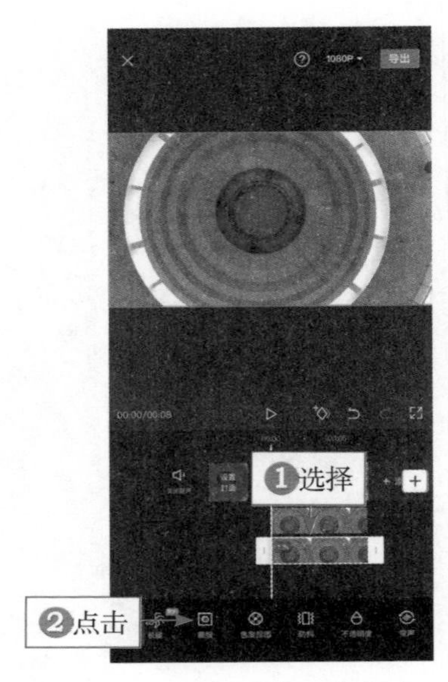

图 9-92　点击“蒙版”按钮

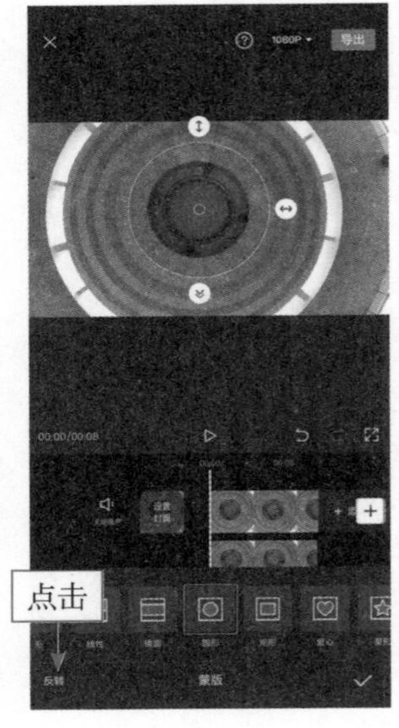

图 9-93　点击“反转”按钮

步骤 9　❶返回拖动时间轴至起始位置；❷点击 按钮，如图 9-94 所示。

步骤 10　添加一个关键帧，❶拖动时间轴至 2 s 的位置；❷点击关键帧按钮，再次添加一个关键帧；❸点击工具栏中的“编辑”按钮，如图 9-95 所示。

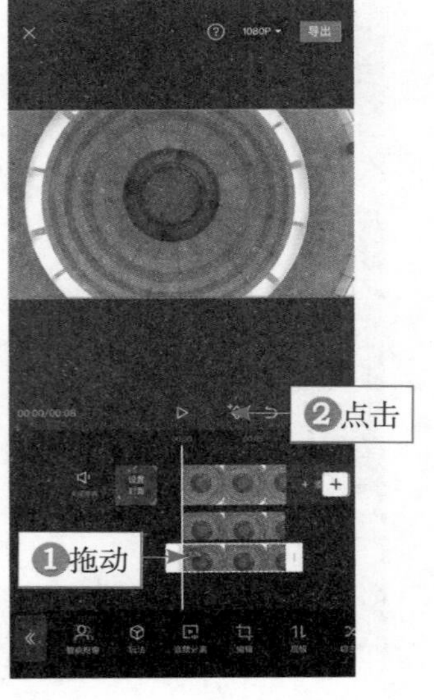

图 9-94　点击相应按钮

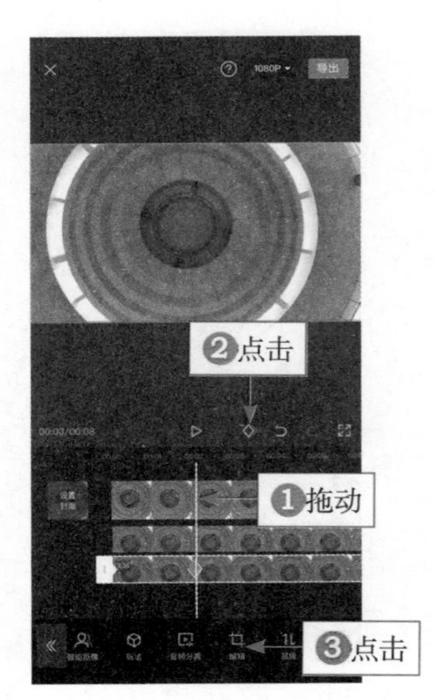

图 9-95　点击“编辑”按钮

▶▷ 步骤 11　❶连续点击两次“旋转”按钮；❷在预览区域调整圆形位置，使其重合，如图 9-96 所示。

▶▷ 步骤 12　❶拖动时间轴至两个关键帧的中间位置；❷在预览区域再次调整圆形位置，使圆形图案重合；❸关键帧自动生成，如图 9-97 所示。

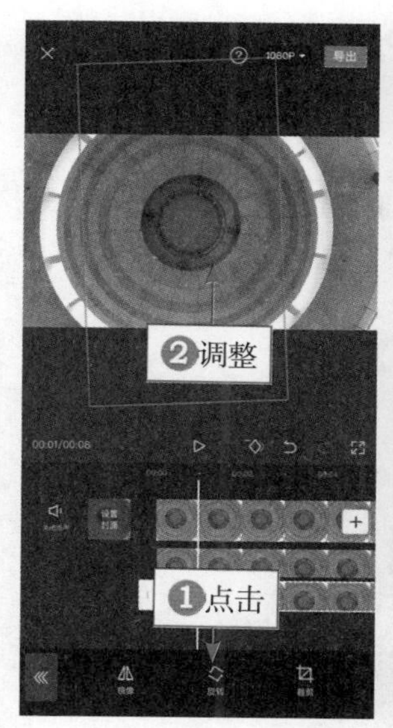

图 9-96　调整圆形位置

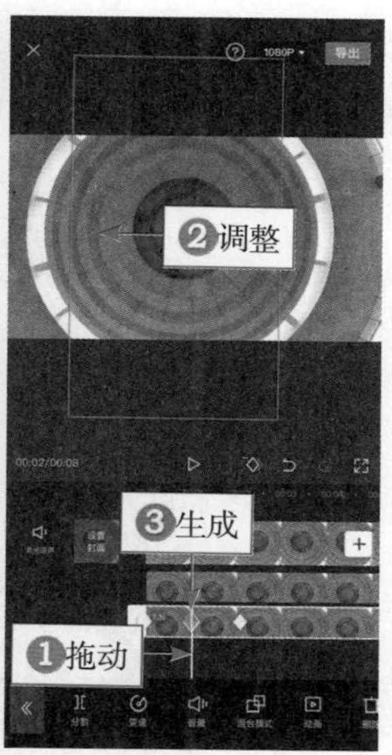

图 9-97　生成关键帧

▶▷ 步骤 13　❶拖动时间轴至最后一个关键帧的后面；❷在预览区域向上拖动圆形图案，使其移出画面；❸关键帧自动生成，如图 9-98 所示。

▶▷ 步骤 14　拖动时间轴至第 2 个关键帧的位置，❶选择视频轨道；❷拖动视频轨道右侧的白色拉杆，调整视频时长，如图 9-99 所示。

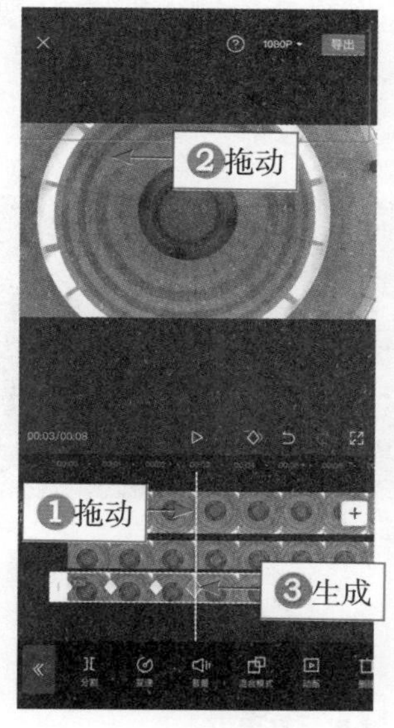

图 9-98　关键帧自动生成

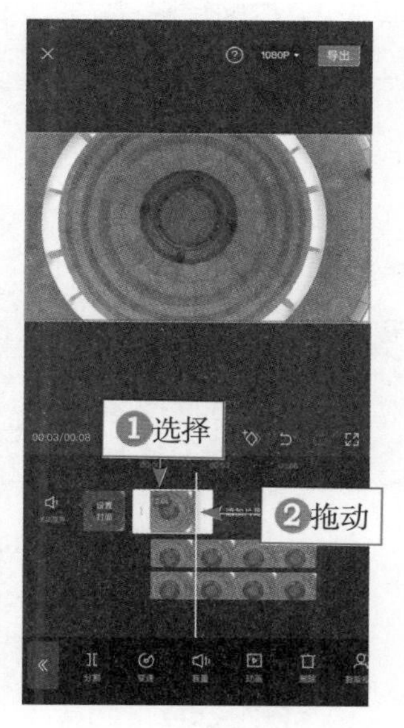

图 9-99　调整视频时长

▶▷ 步骤 15　点击[+]按钮，导入第 2 段素材，如图 9-100 所示。

步骤 16 执行操作后，拖动时间轴至第 2 段素材完全出现的地方，调整其位置和大小，如图 9-101 所示。

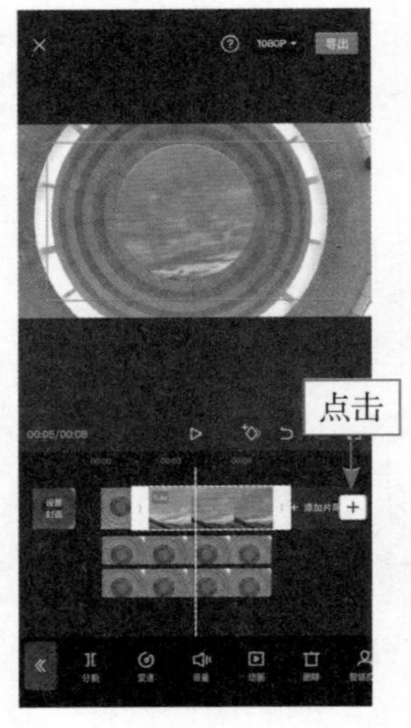

图 9-100 导入第 2 个视频素材　　图 9-101 调整第 2 个视频素材

9.10 抠图转场：突出主体转场

【效果展示】：抠图转场是一种非常炫酷的转场效果，它需要抠出视频画面中的主体，当从一个画面切换到另一个画面时，主体先单独进入前一个画面，再出现第二个画面的整体，效果如图 9-102 所示。

图 9-102 抠图转场效果展示

扫码看效果

扫码看视频

下面介绍使用剪映 App 制作抠图转场短视频的操作方法。

▶▷ 步骤1 在剪映 App 中导入相应的素材，并添加合适的背景音乐，❶选择音频轨道；❷点击“踩点”按钮，如图 9-103 所示。

▶▷ 步骤2 进入“踩点”界面，❶点击“自动踩点”按钮；❷选择“踩节拍I”选项，如图 9-104 所示。

图 9-103 点击“踩点”按钮

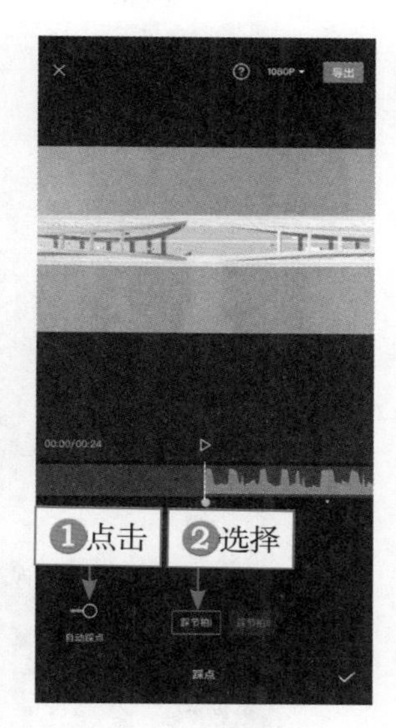

图 9-104 选择“踩节拍I”选项

▶▷ 步骤3 点击✓按钮返回，❶拖动时间轴至第 2 个节拍点；❷选择第 1 个视频素材；❸点击“分割”按钮，如图 9-105 所示。

▶▷ 步骤4 删除分割后多余的部分，用与上相同的操作方法删除其余视频多余的部分，如图 9-106 所示。

图 9-105 点击“分割”按钮

图 9-106 删除多余的部分

▶▷ 步骤5 ❶拖动音乐轨道至相应位置；❷点击“分割”按钮，并删除多余的音频，如图 9–107 所示。

▶▷ 步骤6 拖动时间轴至第 2 段视频的起始位置并截图，如图 9–108 所示。

图 9–107 点击相应按钮

图 9–108 截图

▶▷ 步骤7 打开 picsArt 美易 App，点击主界面下方的⊕按钮，如图 9–109 所示。

▶▷ 步骤8 进入手机相册，选择刚才截图的素材，如图 9–110 所示。

图 9–109 点击相应按钮

图 9–110 选择截图的素材

▶▷ 步骤9 点击“抠图”按钮，如图 9–111 所示。

▶▷ 步骤 10 执行操作后，选择“轮廓”选项，如图 9-112 所示。

图 9-111　点击“抠图”按钮　　　　图 9-112　选择“轮廓”选项

▶▷ 步骤 11 ❶框选出所需图像的范围；❷点击右上角的→按钮，如图 9-113 所示。

▶▷ 步骤 12 执行操作后，❶选择“清除”选项；❷拖动滑块，调整清除尺寸，如图 9-114 所示。

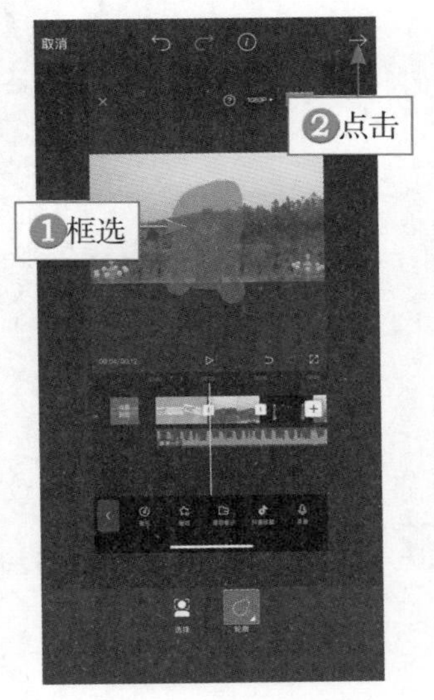

图 9-113　点击相应按钮　　　　图 9-114　调整清除尺寸

▶▷ 步骤 13 执行操作后，❶在预览区域将不需要抠出的位置擦除颜色；

❷选择“预览”选项，如图 9-115 所示。

▶▷ 步骤 14　执行操作后即可看到抠出的主体，点击右上角“保存”按钮保存图片，如图 9-116 所示。

图 9-115　选择“预览”选项

图 9-116　点击“保存”按钮

▶▷ 步骤 15　返回剪映 App，❶把时间轴向左拖动 0.5 s；❷依次点击“画中画”按钮和“新增画中画”按钮，如图 9-117 所示。

▶▷ 步骤 16　❶选择保存好的抠图；❷点击“添加”按钮，如图 9-118 所示。

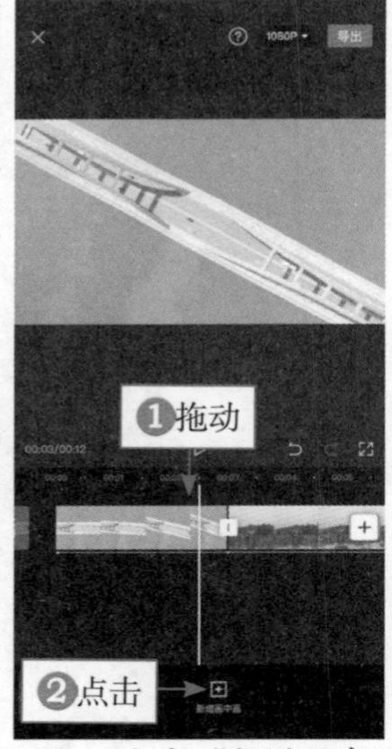

图 9-117　点击“新增画中画”按钮

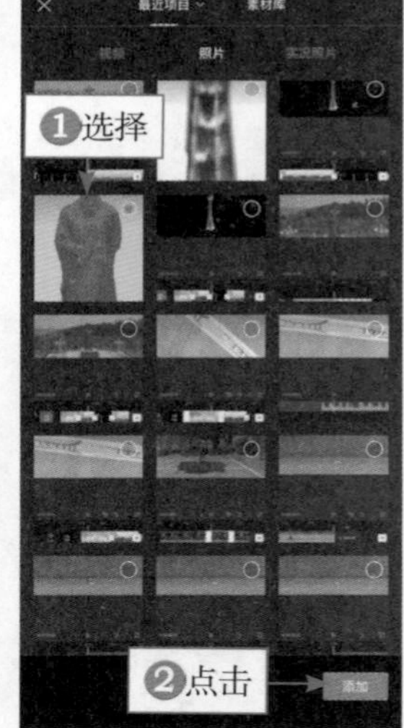

图 9-118　点击“添加”按钮

▶▷ 步骤 17　❶拖动时间轴至第 2 段视频的起始位置；❷在预览区域调整画中画素材的位置和大小，使其与视频画面重合；❸点击“分割”按钮，如图 9-119 所示。

▶▷ 步骤 18 删除多余的画中画素材，❶选择画中画轨道中的素材；❷点击“动画”按钮，如图 9-120 所示。

图 9-119 点击“分割”按钮

图 9-120 点击“动画”按钮

▶▷ 步骤 19 进入动画菜单，点击“入场动画”按钮，如图 9-121 所示。

▶▷ 步骤 20 ❶选择“向下甩入”动画效果；❷拖动“动画时长”选项右侧的滑块，调整动画的持续时长，如图 9-122 所示。

图 9-121 点击“入场动画”按钮

图 9-122 调整动画的持续时长

▶▷ 步骤 21 点击✓按钮添加动画效果，❶返回拖动时间轴至画中画素材的起始位置；❷依次点击“音频”按钮和“音效”按钮，如图 9-123 所示。

▶▷ 步骤 22 ❶切换至“转场”选项卡；❷找到“嗖嗖”音效并点击“使用”按钮，如图 9-124 所示。

图 9-123　点击“音效”按钮

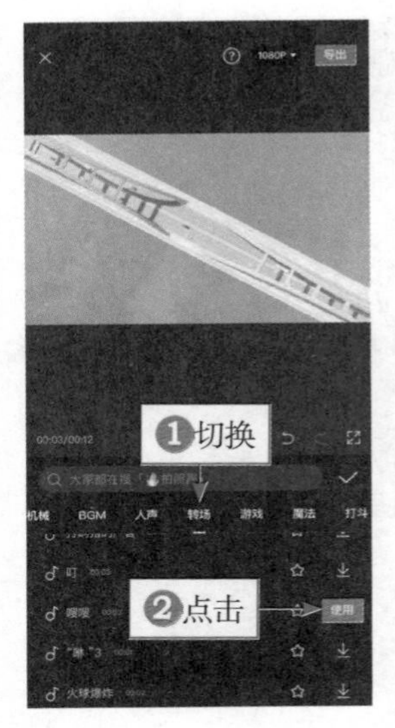

图 9-124　点击“使用”按钮

▶▷ 步骤 23 ❶选择音效素材；❷适当调整音效的时长，如图 9-125 所示。

▶▷ 步骤 24 用与上相同的操作方法为其余的素材制作转场效果，如图 9-126 所示。

图 9-125　调整音效时长

图 9-126　为其余素材制作转场效果

9.11 镜像转场：书本翻页效果

【效果展示】：镜像转场是通过镜像翻转动画效果让画面之间的切换更加流畅，效果如图 9-127 所示。可以看到画面与画面之间的转场就像书本翻页一样自然流畅。

图 9-127　镜像转场效果展示

扫码看效果

扫码看视频

下面介绍使用剪映 App 制作镜像转场短视频的操作方法。

▶▷ 步骤 1　在剪映 App 中导入相应的素材，点击“画中画”按钮，如图 9-128 所示。

▶▷ 步骤 2　执行操作后，❶选择第 2 个素材；❷点击下方工具栏中的“切画中画”按钮，如图 9-129 所示。

图 9-128　点击“画中画”按钮

图 9-129　点击相应按钮

▷▷ 步骤3　将第2个素材从视频轨道切换至画中画轨道，并将其拖动至起始位置，❶选择画中画轨道上的素材；❷点击“蒙版”按钮，如图9-130所示。

▷▷ 步骤4　进入蒙版界面后，❶选择“线性”蒙版；❷在预览区域90°旋转蒙版并调整蒙版的位置，如图9-131所示。

图9-130　点击“蒙版”按钮

图9-131　调整蒙版位置

▷▷ 步骤5　点击✓按钮返回，在工具栏中点击“复制”按钮，如图9-132所示。

▷▷ 步骤6　执行操作后，即可复制素材，❶将复制的素材拖动至第2条画中画轨道中；❷点击“蒙版”按钮，如图9-133所示。

图9-132　点击“复制”按钮

图9-133　点击“蒙版”按钮

▶▷ 步骤7 点击“反转”按钮，反转蒙版，如图 9-134 所示。

▶▷ 步骤8 点击✓按钮返回，❶选择第 1 段画中画素材；❷拖动其右侧的白色拉杆，将其时长设置为 1.5s，如图 9-135 所示。

图 9-134 点击“反转”按钮

图 9-135 设置时长

▶▷ 步骤9 ❶选择第 1 段视频素材；❷点击“复制”按钮，如图 9-136 所示。

▶▷ 步骤10 执行操作后，点击工具栏中的“切画中画”按钮，如图 9-137 所示。

图 9-136 点击“复制”按钮

图 9-137 点击“切画中画”按钮

▶▷ 步骤11 向左拖动复制的素材，使其与第 1 段画中画素材相接，❶选择切换至画中画轨道的第 2 段素材；❷点击“分割”按钮，如图 9-138 所示。

▶▷ 步骤 12 执行操作后，❶选择分割的前半部分；❷点击“蒙版”按钮，如图 9-139 所示。

图 9-138 点击“分割”按钮

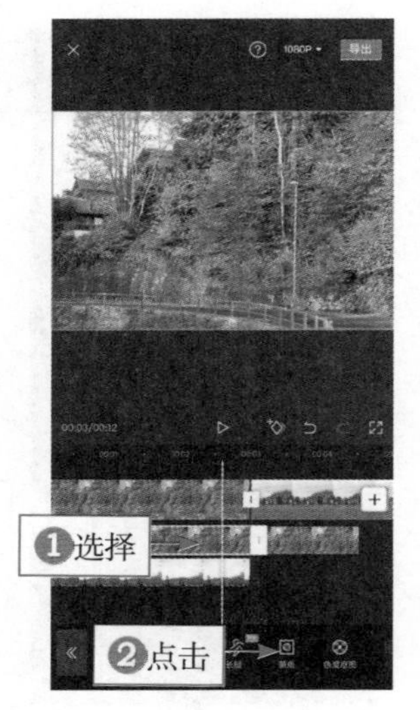

图 9-139 点击“蒙版”按钮

▶▷ 步骤 13 ❶选择“线性”蒙版；❷在预览区域调整蒙版的位置，逆时针旋转蒙版位置至 -90°，如图 9-140 所示。

▶▷ 步骤 14 点击✓按钮返回，依次点击“动画”按钮和“入场动画”按钮，如图 9-141 所示。

图 9-140 调整蒙版位置

图 9-141 点击“入场动画”按钮

步骤 15 ❶选择“镜像翻转”动画效果；❷拖动白色圆环滑块，调整入场动画的持续时长，将其时长调至最大值，如图 9–142 所示。

步骤 16 ❶返回选择第 1 条画中画轨道中的第 1 段素材；❷点击“出场动画”按钮，如图 9–143 所示。

图 9–142　调整动画时长　图 9–143　点击“出场动画”按钮

步骤 17 ❶选择“镜像翻转”动画效果；❷拖动白色圆环滑块，调整出场动画的持续时长，将其时长调至最大值，如图 9–144 所示。

步骤 18 用与上相同的操作方法为其余的素材添加线性蒙版，并添加合适的背景音乐，如图 9–145 所示。

图 9–144　调整动画时长　图 9–145　添加蒙版和背景音乐

9.12　放慢动作：调整视频速度

【效果展示】：将人物动作放慢可以渲染画面气氛，制作出特殊的视频效果，在某一个节点将它的播放速度降下来即可，效果如图 9–146 所示。

图 9–146　放慢动作效果展示

扫码看效果　　扫码看视频

下面介绍使用剪映 App 制作慢动作短视频的具体操作方法。

步骤 1　在剪映 App 中导入一段素材，选择视频素材，❶拖动时间轴至需要慢下来的位置；❷点击“分割”按钮，如图 9–147 所示。

步骤 2　❶选择第 2 段视频；❷点击“变速”按钮如图 9–148 所示。

图 9–147　点击“分割”按钮

图 9–148　点击“变速”按钮

步骤 3　点击“常规变速”按钮，如图 9–149 所示。

步骤 4　进入“变速”界面，拖动红色圆环滑块，将其播放速度设置为 0.3×，如图 9–150 所示。

图 9–149　点击“常规变速”按钮

图 9–150　调整倍速

▶▷ 步骤 5 进入“滤镜”界面，❶切换至“复古”选项卡；❷选择“比佛利”滤镜，如图 9-151 所示。

▶▷ 步骤 6 返回点击工具栏中的“新增调节”按钮，如图 9-152 所示。

图 9-151 选择“比佛利”滤镜 图 9-152 点击“新增调节”按钮

▶▷ 步骤 7 进入“调节”界面，❶选择“亮度”选项；❷拖动白色圆环滑块，将其参数调节为 -10，如图 9-153 所示。

▶▷ 步骤 8 ❶选择“对比度”选项；❷拖动白色圆环滑块，将其参数调节为 -7，如图 9-154 所示。

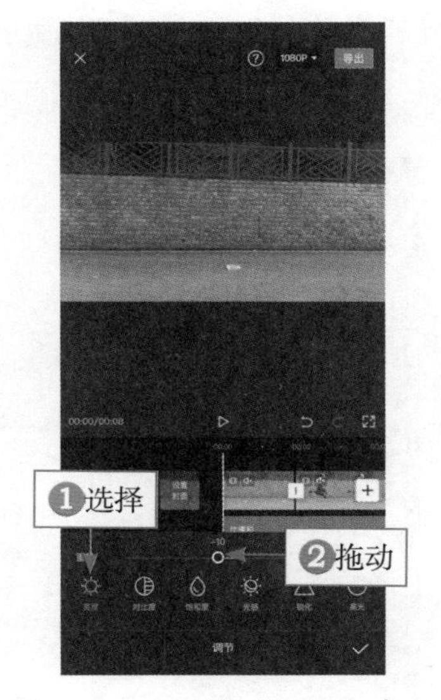

图 9-153 调节“亮度”参数

图 9-154 调节“对比度”参数

▶▷ 步骤 9 ❶选择“饱和度”选项；❷拖动白色圆环滑块，将其参数调节为 15，如图 9-155 所示。

▶▷ 步骤 10 ❶选择“锐化”选项；❷拖动白色圆环滑块，将其参数调节为 10，如图 9-156 所示。

图 9-155 调节“饱和度”参数

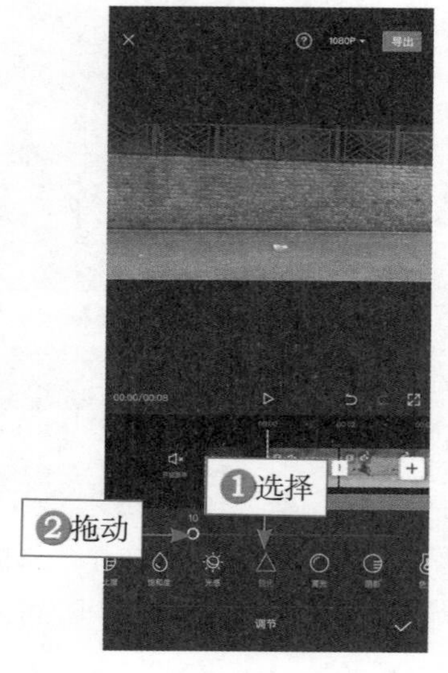

图 9-156 调节“锐化”参数

▶▷ 步骤 11 ❶选择“色温”选项；❷拖动白色圆环滑块，将其参数调节为 -10，如图 9-157 所示。

▶▷ 步骤 12 点击右下方的✓按钮应用调节效果，向右拖动调节轨道右侧的白色拉杆，使其与视频时长保持一致，如图 9-158 所示。

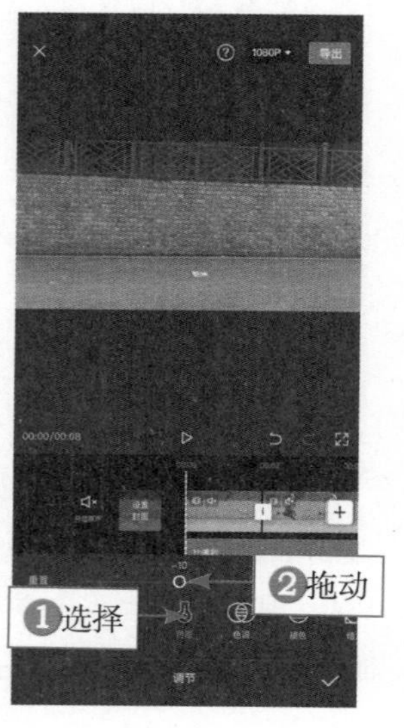

图 9-157 调节“色温”参数

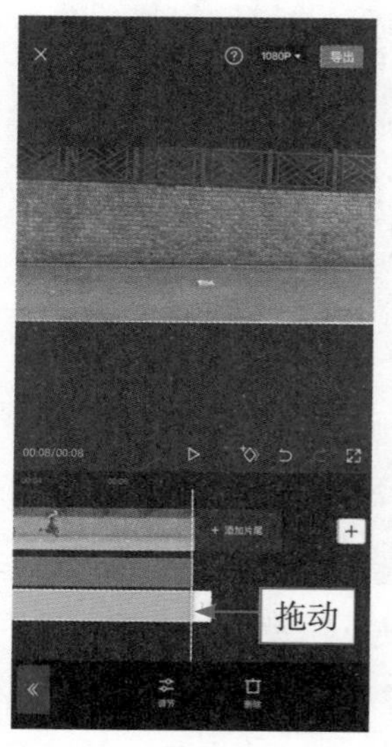

图 9-158 拖动白色拉杆